海洋强国的脊梁

闫　亮◎著

中信出版集团｜北京

图书在版编目（CIP）数据

海洋强国的脊梁 / 闫亮著 . -- 北京：中信出版社，
2019.10

ISBN 978-7-5217-1108-0

Ⅰ . ①海… Ⅱ . ①闫… Ⅲ . ①海洋战略—研究—中国
Ⅳ . ① P74

中国版本图书馆 CIP 数据核字 (2019) 第 218263 号

海洋强国的脊梁

著　　者：闫　亮
出版发行：中信出版集团股份有限公司
　　　　　（北京市朝阳区惠新东街甲 4 号富盛大厦 2 座　邮编　100029）
承 印 者：北京楠萍印刷有限公司

开　　本：880mm×1230mm　1/32　　印　张：8　　　　字　数：200 千字
版　　次：2019 年 10 月第 1 版　　　印　次：2019 年 10 月第 1 次印刷
广告经营许可证：京朝工商广字第 8087 号
书　　号：ISBN 978-7-5217-1108-0
定　　价：58.00 元

致敬海员

谨以此书献礼新中国成立70周年

目　录

序言　一封家书 / Ⅲ

引言 / Ⅸ

第一章　时代传奇：续写历史的荣耀

第一节　"中远荷兰"号：对脸 29 名海员 / 005

第二节　以海强国：从"牵星过洋"到"丝路扬帆" / 015

第三节　抵靠宁波舟山港，重拾那段共通的"海丝"文化 / 028

第二章　深蓝使者：筑梦勇士的坚守

第一节　起航：从"海道辐辏"到"海铁通道" / 041

第二节　一名老海员，一世"海丝"情 / 047

第三节　茫茫大洋：淡水从哪里来？ / 055

第四节　难忘利比亚撤侨：站在浮动国土之上 / 062

第三章　丝路航道：逐鹿大洋的角力

第一节　夜航南海：穿越中国"海上生命线" / 077

第二节　强国的通道：角力南海 / 088

第三节　中国－东盟：共奏跨海和声的智慧 / 094

第四节　从"马六甲困境"到"冰上丝绸之路" / 104

第四章　深蓝力量：海洋强国的支撑

第一节　以日月星辰为伴，与惊涛骇浪共舞

　　　　——筑梦"海丝"的大力水手 / 122

第二节　颠簸在印度洋上 / 128

第三节　与索马里海盗擦肩而过 / 138

第五章　丝港沉浮：海洋文明的重构

第一节　过苏伊士运河记 / 155

第二节　希腊比港："海丝"上的明珠 / 165

第三节　古希腊人：历史回廊中的"海上民族" / 177

第四节　增强海洋意识，重塑强国文明 / 184

第六章　海洋世纪：强国之路的探寻

第一节　深海极地探路：海洋科技为先 / 200

第二节　拓展蓝色空间：做强海洋经济体系 / 208

第三节　守护蓝色家园：保护海洋生态环境 / 214

第四节　深化全球海洋治理：拓展蓝色"朋友圈" / 221

附录　感谢信 / 231

后记　一次随船，一世情缘 / 235

序 言

一封家书

"海上生明月，天涯共此时。"望着窗外的圆月，这句诗在我脑海浮现出来。白天，琐碎的事把你挤进了心的深处，夜深人静时，你就冒了出来，对你的思念涌上心头。此时的你，是否和我一样，目光停留在这一轮明月上？我想会的，一定会的。因为我感觉我们越来越默契，有时会说同一句话，想吃同一个菜，看对方的表情、举手投足，就知道对方在想什么。

看着长得比你高的老大，我心中有些喜悦，也有点儿惆怅，时间都去哪儿了？两个人还没好好厮守，总是在聚少离多的日子里，在盼望期待的日子里，青春就这样悄悄地溜走了，有了中年人"上有老、下有小"的焦虑。以前我们开玩笑叫对方"老蔡""老陈"，没想到真的变成了"老蔡"和"老陈"。

工作的压力，生活的压力，使你的白发不知不觉间比黑发多了。在家时，每隔一段时间，你就叫我帮你染发，我总是笑着说，"你已经是中年'油腻'大叔了，还要啥'好看'"，你总是说，要注重中国海员的形象。

海嫂们时不时在微信群里"吐槽"自己的海员老公，但言语之间多是爱和心疼。

刚公休回家的你，傻傻的，啥都不记得了，去买东西刷卡时，竟然忘了密码。天哪，这是你的工资卡！你看电视的时候，拿着遥控器一脸茫然地问："老婆，电视机咋开？"

我一番大笑，之后又有点儿心酸，你在一望无垠的大海之上，在二十几人的船上，在七八个月的漫长航行中，无法跟外界接触，看着过时的信息和旧新闻，能不"傻"吗？所以，你总是自嘲：刚学聪明，又要上船了。我会埋怨你，回家后也不知道帮助买菜、做饭。但是，如果你真的去买菜了，我反而会担心：你知道怎么买吗？

最难过的时候，就是你又要上船的时候。你拉着行李箱在前面走，我在后面跟着，有一句没一句地聊着，我虽然自诩"女汉子"，却一阵又一阵地鼻子发酸。

幸运的是，现在船上也有网络了，每天抽空能跟你聊上几句。等哪天 Wi-Fi 可以自由使用了，我们就能通过视频聊天了。想到以前没有手机、没有网络的时候，你一到码头就找电话亭和电话超市，电话卡一张一张地买，电话一通一通地打，直到手里的电话卡都用完。你呢，报个平安，我呢，把家里的事都说一遍。

我掐指算着你们的船哪天靠在上海洋山港，然后不停地看公司网站、船讯网、船达通，搜索有关你所在船的所有消息，准备探船时要带的东西，带得最多的就是吃的。儿子们都知道，要做爸爸喜欢吃的白切羊肉和红烧肉。

探船是一件很辛苦的事，准备好几天，就为了见一面，十几个小时后就会被"赶下"船，哪怕是寒冬的半夜。说是见一面，真的就只见一面，船驶入海港后是你们最忙碌的时候，要迎接各种检查。我只能待在房间里，而你在外面办公，接电话、打电话、签字。我只能抽空站在房间门口跟你聊上几句。虽然讨厌你抽烟，但喜欢看你抽烟的样子、忙碌工作的背影，没想到我的老蔡还是蛮帅的！

家就是一艘航行在人生旅途中的船，你就是掌舵的船长，我们是你的船员，你带着我们驶向幸福的彼岸。等你退休了，你要带我去看看留下过你的青春、汗水、思念的那片海，逛逛你驻留过的码头。在那里，我要对你说："谢谢你，老蔡！"岁月静好，是因为有你们在负重前行！平凡的我们，做着平凡的事，过着平凡的生活，这难道不是最好的安排吗？

文中的"老陈"叫陈红丹，是一名海嫂，她的丈夫是中国远洋海运集团有限公司（以下简称"中远海运"）旗下"中远荷兰"号的轮机长蔡建军。2017年5月首届"一带一路"国际合作高峰论坛举办之前，随船报道的机会，让我认识了"中远荷兰"号的20多名海员和他们的家属。

陈红丹在写这封家书的时候，蔡建军所在的"中远比利时"号正沿着21世纪"海上丝绸之路"航行在万里之外的大洋之上，日夜兼程，将一箱箱"中国制造"运往欧洲各地。

海嫂张鑫君是一名医生，怀着"二宝"，临近分娩，盼望着丈夫关磊能够准时回家。关磊曾是"中远荷兰"号的大管轮，正在从欧洲返回中国的途中。张鑫君对关磊说："儿子现在很听话，每天都开开心心地去幼儿园，听说你快回来了，见了谁都说：'我爸爸要回来了，穿短袖的时候就回来！'"

"老公，你在船上一切都好吧？这段时间，丫头学习又进步了。你就放心吧。每天睡觉前，丫头总要听到我的声音才能入睡。所以，我每天会打电话过去，说上几句话，让她安心。等你回家了，这个任务就交给你了，开心吧？"丫头是海嫂姜丽萍和"中远荷兰"号水手长何永兵的女儿。女儿的学业是他们两人共同的牵挂。

海嫂黄丹是一名教师，丈夫刘方元是"中远荷兰"号的三管轮。结婚不久，刘方元便上了船。黄丹在信中说："女人的心，有时很大，大得可以装下整个世界，有时却很小，小到只能住下你一个人。"

......

嫁给海员，就是嫁给了他所在的船舶。海嫂们守候着家的港湾，是海员千里之外的牵挂，也是他们的支撑，幕后的英雄。听说我在写一本关于海员的书，海嫂们非常热心，纷纷与我分享她们与海员的生活和故事，言辞间流露真情，充满温情，彰显出伟大的奉献精神，也绽放出别样的芳华。

由于职业特殊，海员与家人总是聚少离多。他们献身祖国的航运事业，用平凡的身躯，书写新时代的伟大，在助力21世纪"海上丝绸之路"和海洋强国建设的征途中劈波斩浪、奋勇向前。

我想，借用在采访中海嫂们赐赠的家书为《海洋强国的脊梁》一书作序，再合适不过了，而我也深感荣幸。谨以此书，向她们表达我最真诚的敬意和谢意！

闫　亮

2019 年 5 月 18 日

引　言

从我窗前，我飞吻出去

一个，两个，三个，四个吻

港口码头边飞行着

一只，两只，三只，四只鸟

我多么希望，我会有

一个，两个，三个，四个孩子

当他们都长大成年后

为了比雷埃夫斯的荣耀而成为强壮勇猛的人

无论怎样寻找，世上没有任何一个港口

像比雷埃夫斯这样让我醉心神迷

随着夜幕降临，歌声弥漫扑面而来

随着 Bouzouki 的乐声，年轻人都在手舞足蹈

……

　　这是希腊家喻户晓的一首民谣，名字是《比雷埃夫斯的孩子》。当地的孩子们哼唱着这首民谣，在希腊的比雷埃夫斯港（以下简称比港）嬉戏，也在比雷埃夫斯这座美丽的城市

慢慢长大。2017 年 5 月 14 日，中国首届"一带一路"国际合作高峰论坛举办期间，来自中远海运比雷埃夫斯集装箱码头公司的商务经理塔索斯·瓦姆瓦基季斯把这首民谣带到北京，读给了全世界。

希腊比港位于地中海之滨，是希腊最大的港口，也是 21 世纪"海上丝绸之路"西端的一座重要枢纽港，灿若地中海边一颗耀眼的明珠。希腊总理齐普拉斯已多次表示，希腊愿同中国共同努力，将比港的项目建设好，愿意参与"一带一路"建设，推动中国－中东欧国家合作和中欧合作。

2013 年 10 月 3 日，中国国家主席习近平在印度尼西亚国会发表题为"携手建设中国－东盟命运共同体"的重要演讲时提出，中国愿在平等互利基础上扩大对东盟国家开放，提高中国－东盟自由贸易区水平，使双方贸易额于 2020 年达到 1 万亿美元。中国致力于加强同东盟国家的互联互通建设，倡议筹建亚洲基础设施投资银行（以下简称"亚投行"），愿同东盟国家发展好海洋合作伙伴关系，共同建设 21 世纪"海上丝绸之路"。

"中国提出共建 21 世纪'海上丝绸之路'倡议，就是希望促进海上的互联互通和各领域务实合作，推动蓝色经济发展，推动海洋文化交融，共同增进海洋福祉。"2008 年，中远海运获得了希腊比港二号和三号集装箱码头为期 35 年的特许经营权。

在"一带一路"倡议的引领下，2016 年 8 月，中远海运以 3.685 亿欧元的对价完成了对比港港务局多数股份的收购，成为比港整个港口的实际经营者。"COSCO SHIPPING"（中远海运）成为在希腊家喻户晓的中国名片。

十年耕耘，浴火重生。希腊比港码头的货物吞吐量从中远海运接管之初的 68.5 万标准箱提升至 2018 年的 500 万标准箱，实现利润由接管之初亏损 621 万欧元提升到 2018 年盈利超过 7 000 万欧元。比港在全球港口中的排名也由第 93 位跃升至第 36 位，焕发出勃勃生机。

2017 年首届"一带一路"国际合作高峰论坛开幕前，我有幸跟随中远海运旗下的中欧远洋货轮"中远荷兰"号，从上海洋山深水港登船，沿着 21 世纪"海上丝绸之路"中欧航线一路航行，用脚步丈量这段旅程，让故事扎根心底，实景再现 21 世纪"海上丝绸之路"中欧货运的全过程，记录中国与沿线国家共建 21 世纪"海上丝绸之路"的最新面貌和取得的伟大成就。

于是，就有了《海洋强国的脊梁》这本书。

遥望夜空，星星最亮；船行海洋，航迹最美。把自己与海洋相连，用汗水与世界沟通，肩负起建设 21 世纪"海上丝绸之路"和海洋强国的伟大使命——海员，这些海洋的开垦者，驾驶着远洋巨轮在辽阔的海洋上画出一道道航迹，在日月星辰与大海波涛之间，勾勒出人类发展进程中史诗般的巨幅画卷。

2019 年是新中国成立 70 周年。70 年风雨兼程，70 年砥砺前行。

随着 21 世纪"海上丝绸之路"建设的不断推进，中国不断从近海拥抱深蓝，走向大洋，建设海洋强国的理念日益深入人心，海洋强国的各项举措也相继出台，不断走深走实。

然而，不容忽视的是，包括美国在内的一些域外国家乘机搅局，试图阻挠中国的和平崛起，挑战中国的海洋领土主权，威胁中国合法、正当的海洋权益。

在这样的背景下，建设一支强大的现代化海军，是建设海洋强国的战略支撑。21世纪是海洋世纪，人类的未来在海洋。海洋在国家经济发展格局和对外开放中的作用更加重要，在维护国家主权、安全、发展利益中的地位更加突出，在国家生态文明建设中的角色更加显著，在国际政治、经济、军事、科技竞争中的战略地位也明显上升。

中国既是陆地大国，也是海洋大国，拥有广泛的海洋战略利益，但还不是海洋强国。经过多年的发展和积累，中国的海洋事业总体进入了历史上最好的发展时期，为建设海洋强国打下了坚实基础。

2012年11月8日，党的十八大在北京召开。党的十八大报告明确指出："要提高海洋资源开发能力，发展海洋经济，保护海洋生态环境，坚决维护国家海洋权益，建设海洋强国。"

2013年7月30日，十八届中共中央政治局就建设海洋强国进行集体学习，专题研究海洋强国问题。习近平同志主持学习并深刻指出，要"进一步关心海洋、认识海洋、经略海洋，推动海洋强国建设不断取得新成就"。

2017年10月，党的十九大报告明确指出，要"坚持陆海统筹，加快建设海洋强国"。这为中国加快建设海洋强国吹响了号角。

"建设海洋强国，我一直有这样一个信念。"2018年6月

12 日，习近平总书记在考察青岛海洋科学与技术试点国家实验室时强调，海洋经济发展前途无量。建设海洋强国，必须进一步关心海洋、认识海洋、经略海洋，加快海洋科技创新步伐。

"我们人类居住的这个蓝色星球，不是被海洋分割成了各个孤岛，而是被海洋连结成了命运共同体，各国人民安危与共。"2019 年 4 月 23 日，国家主席习近平在青岛集体会见应邀出席中国人民解放军海军成立 70 周年多国海军活动的外方代表团团长时，首次提出了构建海洋命运共同体的重要理念，为全球海洋治理指明了路径和方向。

起源于地中海的欧洲文明，究其根源是一种海洋文明。站在地中海之滨的希腊比港码头，在找寻希腊古老文明的历史痕迹时，我们发现，古代希腊人被称为"海上民族"，向海而生，海洋孕育了灿烂的希腊文明，但伴随这种文明发展的殖民扩张，给世界其他民族带来了灾难。

中国提出的建设 21 世纪"海上丝绸之路"倡议，正在见证中国与沿线国家相互尊重、共同发展、合作共赢的发展奇迹，也在诠释一种新型的开放包容、和而不同、和谐共生的海洋文明。

海洋是生命的摇篮、资源的宝库，也是推动经济社会发展、参与国际竞争的战略要地。向海而兴，向海图强，建设海洋强国，对推动中国经济的持续健康发展，维护国家主权、安全和发展利益，实现中华民族的伟大复兴都具有重要而深远的意义。

希望读者通过阅读本书，会更加了解和认识海洋、热爱海洋，树立发展海洋经济的意识，了解海员和 21 世纪"海上丝绸之路"，增强保护海洋的意识，也希望有关部门和机构在制定决策时能主动融入海洋思维，相关科研院所和企业能加大对海洋科技的研发和投入力度，助力中国海洋经济的高质量发展，加快推进中国建设海洋强国的步伐，为早日实现中华民族伟大复兴中国梦贡献力量。

闫　亮

2019 年 3 月于北京

第一章

时代传奇：续写历史的荣耀

斗转星移，时空变迁。在中国古代的"海上丝绸之路"上，那些广为传颂的传奇人物和动人故事，灿若夜空中的北斗，指引着后人继续前行。2013年，中国提出共建21世纪"海上丝绸之路"，这不仅是沿线各国互通有无、互利共赢的商贸之路，也是沿线各国人民文化交流、东西方文明互学互鉴之路。

在古代，中国的先人们乘船从近海开始，沿着海岸线航行，随后不断探索，将航行的范围逐渐拓展到远洋，实现了不同地区之间的商贸往来和货物流通，中国的丝绸、瓷器、茶叶等商品大量外销。这些由中国古人开拓的海上航线被冠以"海上丝绸之路"（以下或简称"海丝"）、"陶瓷之路"和"茶叶之路"等名称。

在当时的海上贸易商品中，丝绸的影响力最大。[①] 所以，后人基本上沿用了"海上丝绸之路"这一说法。正如中国国家文物局水下文化遗产保护中心考古所所长姜波所言，总体上而言，"海上丝绸之路"这一学术术语是最具代表性的。

在蒸汽机船发明之前，是帆船称霸海上的时代。那时，古人升起风帆，借助有规律的季风和洋流，依靠"牵星术"等传统航海技术，凭借日积月累的航海经验，在星辰与大海之间，维系着世界主要文明板块之间的经济、文化、科技和宗教等方面的交流。

受季风等自然条件和技术条件的限制，风帆时代的航线相对固定，航期也比较长。例如，船舶从中国东南沿海出发，

---

① 姜波：《考古学视野下的"海上丝绸之路"》，载宣讲家网，2017 年 6 月 15 日。http://www.71.cn/2017/0615/951767.shtml

航行到东南亚国家，一般是趁冬季刮东北季风的时候出发，由季风一路"吹过去"。返航时，只有再等到夏季，风向转了，才能借助风力把船从东南亚"吹回来"。

斗转星移，时空变迁。在中国古代的"海上丝绸之路"上，那些广为传颂的传奇人物和动人故事，灿若夜空中的北斗，指引着后人继续前行。2013年，中国提出共建21世纪"海上丝绸之路"，这不仅是沿线各国互通有无、互利共赢的商贸之路，也是沿线各国人民文化交流、东西方文明互学互鉴之路。

坚守与付出，勤劳而勇敢，平凡而伟大……那些行走在21世纪"海上丝绸之路"最前沿的勇士，有一个共同的名字——海员。海员们用脚步丈量这段旅程，用平凡书写伟大，在碧波荡漾之上，奏响了21世纪"海上丝绸之路"上最动听的旋律。

2017年4月，首届"一带一路"国际合作高峰论坛开幕前，笔者有幸跟随"中远荷兰"号中欧远洋货轮，从中国航行至欧洲，一路见证了新时代中国航海人的无私奉献和开拓精神。

本书正是远洋海员筑梦21世纪"海上丝绸之路"的纪实，也是在当今世界百年未有之大变局下，中国与沿线国家共商、共建、共享，共奏跨海和声的那份笃定与坚持，更是世界眼中新时代的中国进一步扩大开放，构建开放型经济，坚持陆海统筹，加快建设海洋强国的不朽传奇。

第一节 "中远荷兰"号：对脸29名海员

锈蚀被称为"终极毁灭者"，无情地"击落"飞机，"折断"桥梁，"撞毁"汽车，"沉没"舰船，"毁坏"房屋，甚至因此夺去人的生命。美国作家乔纳森·瓦尔德曼的著作《锈蚀：人类最漫长的战争》，讲述的就是人类与锈蚀搏斗的故事。

2017年4月15日下午6点左右，"中远荷兰"号缓缓驶入上海洋山深水港。位于杭州湾口外的洋山深水港，由大、小洋山等数十座岛屿组成，是中国在海岛上建设的首个港口。

中远海运旗下的"中远荷兰"号，自重超万吨，首任船长（接船船长）严正平，是航行在万里海域上中国数以千计远洋货轮的一个缩影。

因常年漂泊在茫茫的大海上，与锈蚀搏斗便成为家常便饭。在"中远荷兰"号上，与锈蚀搏斗的海员被称作木匠。敲铁锈，抹油，上油漆，都是木匠的职责。

"中远荷兰"号全长 366 米，船宽 51.2 米，船高 67 米，载箱量为 13 386 标准箱，满载排水量为 202 322 吨，实现了高度的自动化和信息化，不到 30 名海员就能完成操作，船舶的最低安全配员仅为 14 人。

尽管船舶的智能化水平已经相当高了，但木匠这种传统工种在 21 世纪"海上丝绸之路"上依然不可缺少。"中远荷兰"号的木匠叫沈红星，上海人，50 岁出头。咸湿的海风，强烈的紫外线，经年累月的风吹日晒，让他看起来比同龄人更加沧桑。

木匠：一种传承

"木匠"这一职业，可追溯到古代"海上丝绸之路"。在很长一段时间内，航海业以木质帆船为主，因此非常依赖木匠，经常需要木匠使用铁钉钉合船板、修修补补等。虽然现在木质帆船已成为历史的记忆，船舶已经高度自动化，但木匠这一职业却被保留了下来。

即便到了现在，木匠的主要职责也与清洁、维护和保养相关，其中包括对甲板活动部件的清洁保养和活络加油，对污水井、淡水舱和压水舱的水位进行测量，修配门窗、玻璃、锁具、钥匙和桌椅等工作。

从这一意义上讲，21世纪"海上丝绸之路"是古代"海上丝绸之路"的延续。这种延续不仅体现在器物层面，也表现在和平合作、开放包容、互学互鉴、合作共赢的精神上。

2013年11月18日，"中远荷兰"号完工出厂。它当时是中远海运排名第四的大型集装箱船，也是超大型集装箱船的典型代表之一，目前定期航行在中欧航线上。

集装箱班轮运输被视为国际贸易的晴雨表。直至今天，像"中远荷兰"号这样的定期班轮，仍是21世纪"海上丝绸之路"上远洋货运的主力军。

2017年4月20日，"中远荷兰"号海员在中国南海海域合影。

根据规定，货运期间，远洋货轮每抵达一个港区，边检人员都会登轮进行例行检查，查验包括海员证、健康证等在内的海员相关证件。海员们称之为"对脸"。让我们也对一下脸吧。

"中远荷兰"号船长顾正中，上海人，生于 1960 年。

政委郑明华，上海人，生于 1957 年，下过乡，也当过兵。跟大海打了一辈子交道，完成这一趟中欧远洋之旅后，他将光荣退休。助理政委蔡团杰，2015 年 3 月从原中国人民解放军第二炮兵部队转业，转业前任上校、正团职。

政委的主要职责是思想政治工作：关心海员的工作、生活和学习情况，了解海员的思想动态、行为变化等；针对海员反映的热点、难点问题，进行耐心疏导和调解，从而化解矛盾，理顺关系，凝聚人心，确保稳定。此外，政委还负责党务、安全管理和综合治理等工作，包括防止走私倒卖、偷引渡、毒品犯罪等违法违纪事件的发生。

大副李红兵，上海海事大学船舶驾驶专业本科生，30 岁出头。大副的主要职责是主持甲板部的日常工作，主管货物运输，协助船长做好航行安全工作。当船长不在船或因其他原因不能履行职责时，大副可以接替船长指挥船舶。"中远荷兰"号配置了两名二副，分别是杨万里和朱斌，三副为刘军仓。

"中远荷兰"号的轮机长是蔡建军，轮机长俗称"老轨"。轮机长对全船的机械、动力和电气设备（无线电通信导航由甲板部使用的电子仪器除外）的操作和维护负总责，以确保全船的机电设备适航。

之所以称船舶的轮机长为"老轨"，主要是因为，以前的机械船使用的是内燃机，操作它的是来自铁路领域的工程师。

因此，"老轨"的称呼便一直沿用了下来。"中远荷兰"号的大管轮是关磊，二管轮是梁哲夫，三管轮是刘方元。他们都属于轮机部，掌管着"中远荷兰"号的"心脏"。

电机员朱光杰，也被称为"电老轨"，负责船上的电气设备和应急电源等。水手长何永兵，海员们称他为"水头"。"中远荷兰"号的一水共5名，分别是卢海洋、倪明、沈恒伍、宋煜和陈道明。木匠是沈红星。机工长是余红柳。3名机工分别为黄迪、姚威和李成。

厨师是陈俭荣，与见习服务生高岩一起，掌管着29名海员的一日三餐。厨师也被海员们尊称为"老大"，正所谓"民以食为天"。驾驶见习生是高奇峰。甲板见习生、"中远荷兰"号随船记者共有3名，分别为新华社记者闫亮和中央电视台记者张程和辛欣。

2017年4月15日，接到船舶靠港的通知后，我们3名记者跟随中远海运的车辆前往上海洋山深水港。港为城用，城以港兴，2005年12月10日，洋山港的开港，解决了上海港的深水瓶颈问题。

对常年跑海的海员而言，靠港、离港是家常便饭，但于我而言，持海员证，跟随远洋船舶在21世纪"海上丝绸之路"的中欧航线上进行嵌入式采访，则是第一次。终于要登船了，心情兴奋而紧张。

总编室召开专题会议协调部署、安排对接工作；到指定医院体检，办理健康证；驱车几十公里到北京郊区办理海员证；到国际旅行卫生保健中心注射霍乱、破伤风疫苗；参加学习使用无人机、熟悉海事卫星等的业务培训；参加海员"四小证"（船舶消防、海上急救、救生艇筏操作、海上求生）安全培训……一系列准备工作，让我深深感受到了此行任务艰巨。

上帝老大，船长老二

"警铃和汽笛七短一长声，连放一分钟。"如果你在船上听到类似的鸣笛声，那就是弃船信号，要迅速前往救生艇指定位置集合，中远海运的培训教官一再强调。海员们常年跑船，都知道安全重于泰山。

弃船警报虽然是海员们一辈子都不愿意听到的信号，却是演习的重要科目之一。一旦确定弃船警报，海员们应尽快穿好救生衣，到指定位置集合，搭载救生艇逃生。

2017 年 4 月 19 日，"中远荷兰"号举行弃船逃生演习。演习中，海员按规定释放救生艇。

根据公司的相关规定，当船舶发生海上事故，危及在船人员和财产安全时，船长应组织海员和其他在船人员尽力施救。在船舶的沉没、毁灭不可避免的情况下，船长可以做出弃船决定。

弃船时，船长必须采取一切措施，首先组织旅客安全离船，然后安排海员离船，船长应当最后离船。离船前，船长应当指挥海员尽力抢救航海日志、轮机日志、油类记录簿、电台日志，本航次使用过的海图和文件，以及贵重物品、邮件和现金。

"上帝老大，船长老二。"船长是船上名副其实的老大，对船舶航行及货物安全运输负总责，一天 24 小时，只要值班驾驶员唤请，船长就应尽快到达驾驶台，处置航行中遇到的问题。

船长在船上的绝对权威，还体现在其掌管的万能钥匙上。这样的万能钥匙，船长和政委各有一把，这赋予了他们在紧急或特殊情况下打开船上任一房间房门的权力。

在"中远荷兰"号电梯入口处，有一个特殊功能按键叫"Master Call"。这样的特殊功能按钮键，全船共有 3 处，分别位于第 7 层、第 3 层和 Ground 层的电梯口，可以让船长在发生紧急情况时优先使用电梯。

船长肩膀上扛的是重要的职责，书写的是大海上的荣光。

值得一提的是，中远海运董事长许立荣，18 岁时从一名普通海员做起，向海而生，劈波斩浪，年仅 27 岁时，便成为当时中国最年轻的船长。从船长到全球航运巨头的掌门人，不管职务如何变化，许立荣的名片上最靠前的头衔始终是

"船长",这也是他最看重、最自豪的身份。

常规报警与特异功能

2017 年 4 月 15 日下午 6 点左右,"中远荷兰"号在经过天津、大连和青岛港之后,在三艘拖轮的带动下缓缓驶入上海洋山深水港。上海洋山深水港位于东海海域的外海岛屿洋山岛上,距离陆地有 30 多公里,于 2005 年 12 月 10 日正式开港运营。

2017 年 4 月 15 日,"中远荷兰"号靠泊在上海洋山深水港,等待装卸货。

我们乘车前往港区的跨海大桥叫东海大桥,连接洋山深水港港区与外界陆地,全长 32.5 公里,双向 6 车道,宛如东海上一道亮丽的彩虹,也是我国第一座真正意义上的跨海大桥。

港为城用，城以港兴，洋山深水港为上海成为国际航运中心乃至国际经济、贸易和金融中心奠定了坚实的基础。"中远荷兰"号靠泊洋山港后，桥吊便开始装卸集装箱作业，轰隆隆响个不停。

当机舱的机器发出警报时，它也会触发驾驶台内部的连锁报警，除非人工解除，否则报警声会一直持续。

为便于接收信号，避开遮挡，我将海事卫星终端放在"中远荷兰"号两翼甲板上，在驾驶室的桌子上写作。"中远荷兰"号每次进入港区，起降的集装箱就会对正常的海事卫星通信造成严重干扰。所幸，港区有手机信号覆盖，可以充当"热点"，让我使用笔记本电脑完成稿件传输。

2017 年 4 月 19 日，"中远荷兰"号举行弃船逃生演习。演习中，海员们穿好救生衣，准备弃船。

在港期间，驾驶员不需要在驾驶台值班，而是根据当班分工下到船舶的甲板区，关注船舶装卸货等情况。值班水手也会在舷梯口值班，登记上下货轮人员，防止非法人员登轮偷渡。

"中远荷兰"号的驾驶台位于7层半。听到警报声后，船长顾正中赶到了驾驶台，确定无碍后，手动解除了警报。船长休息室在"中远荷兰"号的7层。这样的特殊设计，便于船长第一时间抵达驾驶台，处理船舶在航行中遇到的紧急情况。

后来，三副刘军仓告诉我，我们听到的警报其实是一种常规报警。船舶如果遭遇险情，值班人员会第一时间拉响警铃，海员们会根据警铃的特征判定险情和方位，并采取相应的措施。

例如，消防警报有特定信号——短声重复连放一分钟加上火警方位信号：一长声代表船首；二长声代表船中部；三长声代表船尾；四长声代表机舱；五长声代表生活区。

由于常年跑船，海员们对警报和船上的声响异常敏感。这甚至会让人怀疑他们具备某些特异功能。而根据听到的警报及职责分工，及时处置险情，是每一名海员的职责所在。不管是在甲板区，还是在机舱，一旦有报警提示，值班人员都必须立即着手处理，以免贻误最佳时机，影响船舶正常运行。

第二节　以海强国：从"牵星过洋"到"丝路扬帆"

　　海洋占地球的表面积超过 70%，与人类的生存息息相关，也与国家的兴衰紧密相连。中国是一个海洋大国，拥有 18 000 多公里的大陆海岸线，拥有沿海岛屿 6 500 多个。根据《联合国海洋公约》中的 200 海里 ① 专属经济区和大陆架制度，中国拥有 300 万平方公里的管辖海域，这就是中国的海洋领土。

　　因此，中国总共拥有 1 260 万平方公里的陆海领土，包括 960 万平方公里陆地领土和 300 万平方公里的海洋领土。由于海洋意识的缺乏，不少人对海洋领土的观念很淡薄。

　　"纵观世界历史，许多国家都曾走过因海而兴、依海而强的道路，葡萄牙、西班牙、荷兰、英国、日本、美国等国家的崛起都是如此。"中国国家海洋局局长刘赐贵这样说过。中国目前是海洋大国，但还不是海洋强国。

　　统计数据显示，当今世界，超过 90% 的国际贸易全部或部分通过海运完成。中国的绝大部分外贸运输也通过海运完成。建设 21 世纪"海上丝绸之路"，对打造开放型的中国经济日益重要。

———————

① 　1 海里合 1.852 公里。

2017 年 4 月 1 日，由中远海运牵头组建的"海洋联盟"正式运营，为 21 世纪"海上丝绸之路"带来了数十条密度高、覆盖面广的航线，进一步提升了中远海运为 21 世纪"海上丝绸之路"提供更多、更优质的集装箱班轮服务的能力。

4 月 16 日晚上 7 点左右，装卸货完毕后，"中远荷兰"号从上海洋山深水港出发，前往浙江宁波舟山港，然后将穿越南海，驶出国门，经印度洋前往欧洲，续写新时代的传奇。

2017 年 4 月 16 日，在上海洋山深水港，桥吊正在给"中远荷兰"号装卸货。

海洋的重要性，在新时期愈加凸显。早在 2012 年，党的十八大报告就明确指出，要"提高海洋资源开发能力，发展海洋经济，保护海洋生态环境，坚决维护国家海洋权益，建设海洋强国"。

时隔 5 年，2017 年 10 月 18 日，习近平同志在党的十九大报告中指出，"坚持陆海统筹，加快建设海洋强国"，为中国建设海洋强国指明了方向，明确了建设海洋强国的路径。

中国拥有辉煌的航海历史，是风帆时代的海上强国。明代著名的航海家和外交家郑和七次下西洋，将中国古代"海上丝绸之路"的传奇演绎到巅峰。

那时的帆船驰骋于汪洋大海，得益于中国先进的造船工艺和航海技术，其中较为突出的是水密隔舱设计、广泛使用的多层船板和独特的榫卯工艺等。重温那段巅峰时期，汲取历史的营养，对推进21世纪"海上丝绸之路"建设、建设海洋强国具有重要启迪。

风帆时代的海上强国

在中国古代，位于东南沿海的居民依海而生，船成为他们与外界进行贸易往来的载体。在蒸汽机船出现之前，人们主要依靠帆船。帆船架起了不同国家和民族之间的桥梁，由近及远，不断拓展着"海上丝绸之路"。

在很长一段时间内，中国是风帆时代的海上强国。1405—1433年，郑和奉明朝皇帝之命七次下西洋，从西太平洋到印度洋，途经爪哇、苏门答腊、暹罗（现泰国）等30多个国家和地区，最远航行至西亚的麦加城和非洲东岸莫桑比克的贝拉港。

《明史·郑和传》和《瀛涯胜览》记载，郑和航海船队共62艘船，最大的船长148米，宽60米，是当时世界上最大的木帆船。其中，郑和乘坐的宝船"长四十四丈，阔一十八丈"

（146.67 米长，50.94 米宽）。[①] 郑和船队的主要船型是福船。

福船的船首部尖，船尾部宽，两头上翘，首尾高昂，并且船体大，吃水深，易操作，不怕深海浪击，适于远海运输航行，因多产于福建而得名"福船"。

当年，精通阿拉伯语的马欢（字宗道、汝钦，号会稽山樵），以通事（翻译）身份，分别于永乐十一年（1413 年）、永乐十九年（1421 年）和宣德六年（1431 年）出使西洋，著有《瀛涯胜览》一书。

《瀛涯胜览》详细记录了郑和下西洋过程中 20 个国家的航路、海潮、地理、国王、政治、风土人情、语言文字、气候、物产、工艺、交易、货币和野生动植物等状况，具有重要的史料价值，是研究郑和下西洋最重要的原始文献之一。[②]

根据史料记载，郑和下西洋的船队配有指南针、罗盘、船尾舵和风帆，甚至能在逆水、顶风的情况下航行，在地文航海、天文航海、季风运用和航海气象预测等方面，都达到了相当高的水平。

郑和七次下西洋，历时 28 年，遍布亚非 30 多个国家和地区，最远到达非洲东海岸和红海沿岸，郑和船队的船只数量之大，统领官兵之多，堪称当时世界上规模最大的船队。

无论是从宝船的数量，还是从宝船的规模、载重量等方

---

① 宝德中国古船研究所：《千帆竞渡——"海上丝绸之路"上的船舶》，载《世界遗产》，2016（6），第 12—19 页。

② 时平：《明马欢〈瀛涯胜览〉记述的船舶史料及学术价值》，载《跨越海洋："'海上丝绸之路'与世界文明进程"国际学术论坛文选》，宁波：浙江大学出版社，2012 年，第 239 页。

面而言，郑和率领的船队都远远超过了几十年后欧洲的航海家·伽马、哥伦布或麦哲伦率领的船队，这充分表明了当时中国高超的造船水平和先进的航海技术。

今天，在南京的长江边上，就有为郑和当年下西洋造船的船厂旧址——"龙江宝船厂"旧址。"龙江宝船厂"创建于明朝永乐初年，是为郑和下西洋出访各国所兴建的大型官办造船基地。

中远海运比雷埃夫斯港口有限公司内悬挂的郑和宝船图。图下文字是：在 15 世纪，中国的郑和宝船是世界上最大的船只。

"龙江宝船厂"旧址自南向北依次平行分布着造船船坞、生产缆索、锚、舵等的大小作坊，还设有官府衙门、工匠生活区、集市以及存放材料的仓库和专存宝物的宝库，建筑规模达千余间。

"龙江宝船厂"为郑和的船队提供的不仅有适合江海两用

的沙船船型，还有适应水深浪急的广阔海域的福船船型，更有规模巨大的宝船，为船队下西洋提供了充分保障。[①]

在中国古代帆船技术的所有成就中，水密隔舱技术首屈一指，与指南针一起，被誉为"开辟世界远洋航海新纪元"的伟大发明。水密隔舱，就是用隔舱板把船分成互不透水的一个个舱区。

意大利旅行家马可·波罗曾赞誉水密隔舱设计的便利和实用。在大海中航行，船很可能会因为触礁或被鲸鱼撞击而破损。一旦发现船上有漏洞，海员就立即把货物搬到别的舱里。由于隔水效果非常好，一个船舱进水并不影响其他船舱。待损坏的地方被修好后，海员可以再将货物搬回，有时候甚至连船都不必停。

不仅是造船术，在航海术方面，中国在明朝时期也达到了登峰造极的地步。600多年前，郑和应用"牵星术"率船队到达非洲东部沿海一带，这就是后人所说的"牵星过洋"，在中非友好交往的历史上写下了浓墨重彩的一笔。

"牵星过洋"是用标有刻度的牵星板测量出星辰的高度，通过计算来确定船舶在海上的大概位置。研究郑和下西洋的历史学者指出，郑和下西洋时，其船队把航海天文学与导航仪器罗盘的应用有机结合了起来，大大提高了测定航行方位的精确程度。

郑和下西洋促进了中国与"海上丝绸之路"沿线诸国的

---

① 蒙可、赵辉：《浩瀚遗珍——遗存巡礼与申遗探索：灿若繁星的"海丝"遗迹》，载《世界遗产》，2016（6），第62—71页。

友好交往，增进了中国人民与亚非等国家人民的传统友谊。正因为郑和及其船队是和平之师，更是友好使者，所以所到之处都深受当地人欢迎。

佛教以佛、法、僧为"三宝"，故人们常以"三宝"作为对佛教的尊称。因郑和皈依了佛门，一些东南亚国家的民众尊称郑和为"三宝"。时至今日，在东南亚仍有许多以三宝命名的地方，如泰国的三宝港，马来西亚的三宝山、三宝井，菲律宾的三宝颜，印尼的三宝垄和三宝庙等。

郑和七次下西洋，为推动中外友好交往做出了巨大贡献。尽管当时中国的海上力量很强大，但郑和率领的船队并没有在海外建立一块殖民地，也没有对所到之处宣示中国主权，这成为古代"海上丝绸之路"上的佳话。

"海上丝绸之路"的历史缘起

从本质上讲，"海上丝绸之路"是海上的航运通道，当然并非仅以输出丝绸为象征的海上通道，也是古代中国与海外各国互派使节、贸易往来和文化交流的海上通道，有南海航线和东海航线之分。

在传统意义上，古代"海上丝绸之路"主要指的是从中国东南沿海的广州、泉州和宁波等港出发，乘船前往南海和印度洋所经过的商贸线路。业内人士将这条航线称为"海上丝绸之路"南海航线。

到了 20 世纪后半期，随着"海上丝绸之路"的不断拓展，国际学术界把从中国到东北亚的朝鲜半岛、日本列岛和琉球群岛的贸易航线，也称为"海上丝绸之路"。这条航线被业内人士称为"海上丝绸之路"东海航线。

总体而言，"海上丝绸之路"形成于秦汉时期，逐渐发展于三国时期、隋朝，繁荣于唐宋，衰落于明清，终结于大航海时代开启后欧洲殖民者的全球军事扩张和经济扩张。

"海上丝绸之路"首先是一条商道。

作为中国古代对外贸易的重要通道，"海上丝绸之路"具体是指：由广东、福建等沿海港口出发，经中国南海、波斯湾、红海，将中国生产的丝绸、陶瓷和茶叶等物品运往欧洲和亚非等国，而从海外市场输入象牙、香料、宝石和金银等。[①]

秦朝统一中国之后，沿海的交通路线基本被打通。西汉时期，汉武帝派张骞出使西域，打通了陆上丝绸之路。多年后，汉武帝又开辟了闻名于世的"海上丝绸之路"，起点在徐闻（今广东湛江市徐闻县）、合浦（今广西北海市合浦县），促进了对外贸易的进一步发展。

班固《汉书·地理志》记载："自日南障塞徐闻、合浦船行可五月，有都元国；又船行可四月，有邑卢没国；又船行可二十余日，有谌离国；步行可十余日，有夫甘都卢国（今缅甸蒲甘城）。自夫甘都卢国船行可二月余，有黄支国（印度），民俗略与珠崖相类。其州广大，户口多，多异物，自武帝以来皆献见。有译长，属黄门，与应募者俱入海市明珠、璧流离、奇石异物，赍黄金杂缯而往。"这是我国古籍中关于

---

① 姜波：《解读"海上丝绸之路"》，2015 年 3 月 6 日，中国文物交流中心邀请国家文物局水下文化遗产保护中心水下考古研究所所长姜波进行业务讲座。

中国与东南亚及南亚海上交通的最早记录。[①]

　　合浦、徐闻是汉代对外交通的重要港口。一些学者认为，汉代的合浦、徐闻本属一郡——合浦郡，商人可根据自身实际需要选择其中一个港口出海。合浦、徐闻也因此被视为中国"海上丝绸之路"的最早始发港。[②]

　　相传，汉武帝招募人员从徐闻、合浦港出海，经过日南（今越南中部），沿海岸线西行，到达黄支（今印度境内，也有学者认为"黄支"并非位于印度南端，而是在今天的印度尼西亚苏门答腊岛西北部）、已不程国（锡兰，今斯里兰卡），随船带去的主要有丝绸和黄金等物品。这些丝绸等物再通过印度被转销到中亚、西亚等国。

　　"海上丝绸之路"的开辟，使中国古代对外贸易兴盛一时，同时促进了古代东西方之间的人文交流。"海上丝绸之路"也被称为"陶瓷之路"、"茶叶之路"、"香料之路"和"白银之路"等。

　　郑和下西洋既是中国古代海洋事业的顶峰，也可以说是一场谢幕的演出，甚至可被称为中国古代航海事业的绝唱。郑和之后的明清两代，由于朝廷实施海禁政策，中国的航海业日渐衰落。

　　相反，欧洲国家却在酝酿着惊世之变，向现代化转型，

---

① 朱杰勤：《汉代中国与东南亚和南亚海上交通路线试探》，载龚缨晏、莫意达等编：《20世纪中国"海上丝绸之路"研究集萃》，杭州：浙江大学出版社，2011年，第288—291页。

② 贾庆军：《中国与东南亚及印度洋地区"海上丝绸之路"研究回顾》，载龚缨晏、刘恒武等编：《中国"海上丝绸之路"研究百年回顾》，杭州：浙江大学出版社，2011年，第179—229页。

主要表现之一是海洋活动的向外扩张，将欧洲带入了大航海时代。在此后的若干年，西方殖民者由此进入了东亚贸易圈，中国的海外贸易逐渐被葡萄牙、西班牙、荷兰、英国和法国等西方国家蚕食，繁荣一时的"海上丝绸之路"衰落了。

大航海时代的西方崛起

郑和七次下西洋，拓展了中国对外交往的海上空间，促进了中国社会经济的发展，也促使东南沿海的一些人移居海外，传播了中华文明。

不过，也有一种观点认为，郑和下西洋属于官方主导，规模有限，主要是为了宣扬明朝国威，谋求"君主天下"，推行朝贡贸易，追求的是"中外通合，万国来朝，四海一家，共享太平"的封建大一统局面。

由于郑和下西洋推行的是朝贡贸易，当时中国与其宗藩国的贸易往来以追求政治效益为主，而不计经济效益，基本上也是"厚往薄来"，采买的物品是国内缺乏的香料、药材、珍宝和异兽等，供宫廷享用。业内专家认为，从经济角度而言，朝贡贸易弊大于利，这导致其民意基础差，并不具备可持续性，一旦国家的实力不足，注定难以持续。

但客观而言，郑和下西洋打通了海上交通航线，推行了中国的朝贡贸易，使海外一些国家的国王或亲自或遣使来中国朝贡，促进了中外贸易和不同文明间的交流互鉴。

后来，由于科技进步，蒸汽机船取代了风力帆船，可以摆脱季风的限制，以更快的速度，更自由地抵达目的地。从

15 世纪起，西欧各国竞相建造装备火炮的海船，大者载重超千吨，置炮过百门，以荷兰为突出代表。荷兰造船业的发达，不仅仅体现在船舶的吨位庞大、火力强劲，还体现在其经济性高，造价与运营成本均远低于竞争对手。

欧洲小国荷兰，尽管偏居世界一隅，但其造船业当时已执世界牛耳。仅在首都阿姆斯特丹便有上百家造船厂，全国可以同时开工建造几百艘船，订单来自西欧各国。

当时，荷兰一国的商船吨位占据了欧洲的 3/4，拥有商船 1.5 万艘，几乎垄断了全球海上贸易。荷兰也因此被称为"海上马车夫"。阿姆斯特丹是国际贸易中心，港内常泊有 2 000 多艘商船。[①]

15 世纪中后期至 17 世纪末，欧洲人突破地中海的地域限制，借助远洋探险与扩张，开辟了许多重要航道，与包括非洲、亚洲、美洲、大洋洲在内的外部世界建立了直接联系，获得了欧洲以外的巨大财富，推动了原始资本积累。欧洲的现代化由此起步，这一时期也被称为"大航海时代"。

在大航海时代，整个世界的航海网络被欧洲殖民者重构了。由中国官方主导的"海上丝绸之路"贸易体系，逐渐被欧洲列强的海外殖民体系取代。欧洲在这一时期快速发展，奠定了超越亚洲的基础。

中国古代的"海上丝绸之路"贸易，随之逐渐衰落并终结。从工业的角度看，欧洲工业革命催生的科学和技术进步，

---

① 刘迎胜：《古代海上丝路衰落的教训与启示》，载观察者网，2017 年 5 月 3 日。
https://www.guancha.cn/LiuYingSheng/2017_05_03_406411_s.shtml

赋予了欧美殖民者以自主生产替代进口的能力。

从中国的角度看，近代以前，尽管"海上丝绸之路"驰名中外，但客观上，中国在很长一段时期内以农业为经济主导，以陆地为中心，重农抑商，重陆轻海，海洋经济和海外贸易从未成为经济的主体。自给自足的小农经济意识，再加上明清中叶的闭关锁国政策，让中华民族错失了发展成海洋强国的历史机遇。

建设海洋强国的时代号角

时光荏苒，岁月如梭。"海上丝绸之路"上曾经的千帆竞渡，早已化为历史的尘埃，但"海上丝绸之路"传递的和平合作、开放包容、互学互鉴、互利共赢的精神却薪火相传，焕发出新的荣光，绽放出新时代的芳华。

郑和七次下西洋，堪称中国古代航海史上最伟大的壮举，也是"海上丝绸之路"发展史上最伟大的航行，更见证了古代"海上丝绸之路"上最广泛的经济、政治和文化交流，大大延展了"海上丝绸之路"航线，使中国与世界的贸易往来和文化交流达到了前所未有的高度。

2013 年 10 月 3 日，中国国家主席习近平在印度尼西亚访问期间讲到："东南亚地区自古以来就是'海上丝绸之路'的重要枢纽，中国愿同东盟国家加强海上合作，使用好中国政府设立的中国－东盟海上合作基金，发展好海洋合作伙伴关系，共同建设 21 世纪'海上丝绸之路'。"建设 21 世纪"海上丝绸之路"的伟大倡议和构想，由此提出。

回顾过去几十年的发展历程，中国已形成高度依赖海洋的外向型经济，经济发展对海洋空间的依赖程度大幅提高，发展海洋经济已成为助推中国经济的重要引擎。

建设 21 世纪"海上丝绸之路"，是发展现代海洋经济的重要举措，有助于推动对外贸易，提升中国的综合国力，而发展海洋经济则是建设海洋强国的重要内容。

推进 21 世纪"海上丝绸之路"与建设海洋强国，两者相得益彰，相互促进。建设海洋强国，将进一步扩大 21 世纪"海上丝绸之路"的网络，拓展中国的"朋友圈"，增强中国在世界舞台上的影响力。

2012 年 11 月 8 日，党的十八大召开，会议做出了建设海洋强国的重大部署。实施这一重大部署，对推动经济持续健康发展，对维护国家主权、安全、发展利益，对实现全面建成小康社会目标，实现中华民族的伟大复兴都具有重大意义。

2013 年 7 月 30 日，中共中央政治局就建设海洋强国进行第八次集体学习。中共中央总书记习近平在主持学习时强调，建设海洋强国是中国特色社会主义事业的重要组成部分。要进一步关心海洋、认识海洋、经略海洋，推动我国海洋强国建设不断取得新成就。

"21 世纪，人类进入了大规模开发利用海洋的时期。海洋在国家经济发展格局和对外开放中的作用更加重要，在维护国家主权、安全、发展利益中的地位更加突出，在国家生态文明建设中的角色更加显著，在国际政治、经济、军事、科技竞争中的战略地位也明显上升。"

然而，长期以来，不少民众海洋意识淡薄，存在以陆看海、以陆定海的传统观念。中国工程院院士、国家海洋局第二海洋研究所所长李家彪说，建设海洋强国，要转变以陆看海、以陆定海的观念；要坚持陆海统筹，坚持走依海富国、以海强国、人海和谐、合作共赢的发展道路。

中国宏观经济研究院国土开发与地区经济研究所所长史育龙认为，建设海洋强国，要充分发挥陆海统筹的引领作用，大力构建现代化海洋经济体系，协同推进"丝绸之路经济带"和 21 世纪"海上丝绸之路"建设，努力建设海洋经济发达、海洋科技先进、海洋生态健康、海洋安全稳定、海洋管控有力的海洋强国。[①]

海洋是资源丰富的"聚宝盆"，是现代科技的"新战场"；是新兴产业的"策源地"，也是连接世界的"大通道"。坚持陆海统筹，协调推进，要改变重陆地轻海洋、重近海轻深海的传统海洋观念，牢固树立海陆一体的海洋观，不断推进海洋强国建设。

第三节　抵靠宁波舟山港，重拾那段共通的"海丝"文化

160 多年前，一艘满载着瓷器和宁波梅园石（一种珍贵石

---

① 史育龙：《以陆海统筹建设海洋强国》，载《人民日报》，2018 年 7 月 1 日。
http://news.ifeng.com/a/20180701/58952469_0.shtml

料，在古代经常被作为对外交流的赠品）的商船从宁波起航。不幸的是，这艘船随后在宁波市象山县附近沉入海底，据考证有可能是"触礁沉没"。2008 年 10 月，这艘沉船在浙江沿海水下文物普查中被发现。

这艘沉船位于宁波市象山县石浦镇东南约 26 海里的渔山列岛海域，具体位置在北渔山岛小白礁畔水下 24 米，因而被命名为"小白礁 1 号"。

"小白礁 1 号"沉船是一艘以龙骨和肋骨为纵横构架的尖底木质海船，出水时船体残长约 20.35 米、残宽约 7.85 米。《中国海洋报》当时的一篇报道文章写道，出水船体构件 244 件，包括龙骨、肋骨、隔舱板、舱底垫板、船壳板等。船体建造所用的木材主要产自东南亚一带。

经国内多位古船研究专家分析，"小白礁 1 号"既采用了水密隔舱、铁钉连接船板等中国古代造船工艺，也采用了国外的一些传统造船技术。其中，双层结构的船壳板内夹植物纤维状防水层在国内属首次被发现，是中外造船技术相互融合的实物例证。[①]

"书藏古今，港通天下"，宁波具有丰富的传统文化资源，是国家历史文化名城，是记载古代"海上丝绸之路"的"活化石"。

站在宁波舟山港的码头上，重拾"海上丝绸之路"的昔日荣光，是为了唤起"海上丝绸之路"沿线不同地区、不同

---

① 《宁波"小白礁 1 号"：弥足珍贵的水下遗存》，载人民网，2016 年 5 月 26 日。
http://fj.people.com.cn/ocean/n2/2016/0526/c354245-28406633.html

国家和不同族群的共同历史记忆，回应当下呼唤和平交流、多元对话、文明互鉴的世界性命题，与沿线各国携手，共同打造一个全球化的21世纪"海上丝绸之路"。

"海上丝绸之路"：中国的，也是世界的

"沉舟侧畔千帆过"，古代商船沉没的地方，往往是古代"海上丝绸之路"航线的必经之地。在这条航线上，可能有成千上万艘"小白礁1号"这样的商船，架起了中外贸易往来和文化交流的桥梁。

2012年，"小白礁1号"的船载文物的发掘工作基本完成。在600余件出水的文物中，有品相精美的青花瓷，名家制作的紫砂壶，标明商号的玉石印章，来自日本、越南的年号钱币，西班牙银币，以及成列的石板材等水下遗珍。

"小白礁1号"是一处具有较高历史、科学和艺术价值的珍贵水下文化遗存，为研究清代中外贸易史、海外交通史、中国古代造船史和宁波"海上丝绸之路"提供了重要的实物资料。

国家文物局水下文化遗产保护中心考古所所长姜波在《世界遗产》杂志上刊文说，浙江宁波发现的清代沉船"小白礁1号"，既有水密隔舱等传统中国帆船设计工艺，也有肋骨密集（与越南"平顺"号沉船类似）、具备植物纤维防水层等东南亚帆船的特点，是中外造船工艺融合的典型案例。

海港与"海上丝绸之路"，犹如点与线。"海上丝绸之路"上的一座座枢纽港，纵横交织，四通八达，连起了中外货运

贸易网络。浙江宁波地区丰富的"海上丝绸之路"遗迹，折射出其商贸文明的发达。

早在16世纪，宁波就是世界闻名的东方贸易大港，以"liampo"之名扬名于世。据考证，1683年，英国人的商船就曾经抵达舟山、宁波一带活动。清政府曾设置"红毛馆"，与英国人通商贸易。

2018年，宁波舟山港年货物吞吐量再超10亿吨，继续保持世界唯一的超10亿吨超级大港地位，港口排名实现全球"十连冠"；同时，年集装箱吞吐量首超2 600万标准箱，首次跻身世界港口前三名，跃居国内港口第二位。[①]

作为拥有世界级港口的"一带一路"枢纽城市，宁波有236条国际航线，可以通过江海联运、海公联运、海铁联运等多式联运方式，对接东亚、东盟甚至整个环太平洋地区，与全球100多个国家和地区、600多个港口有着密切联系，覆盖中国长江经济带及丝绸之路经济带。

枢纽港的便利，带动了对外贸易的发达和经济的繁荣，而经济的繁荣又推动了文化的交流。中华民族的优秀文化，也随着一艘艘商船，借助一箱箱中国货物，传播到世界各地。

由此来看，21世纪"海上丝绸之路"，从来就不仅仅是一条通商互信之路、经济合作之路，更是一条东西方文化融合之路、文明互鉴之路。

---

① 《宁波舟山港2018成绩单——年集装箱吞吐量首进世界前三强 年货物吞吐量连续全球十连冠》，载光明日报客户端，2019年1月16日。http://difang.gmw.cn/nb/2019-01/16/content_32363371.htm

2017 年 4 月 17 日，"中远荷兰"号在浙江宁波舟山港靠泊。上海振华重工的桥吊机正在给荷兰号装卸货。

以全球化视野思考"海上丝绸之路"与海港，是中国与沿线国家共同建设"海上丝绸之路"的内在逻辑。从这个意义上讲，无论是古代"海上丝绸之路"，还是 21 世纪"海上丝绸之路"，都是中国的，也是世界的。

海港：从古代"海闸"到强国枢纽

浙江宁波地理位置特殊，位于中国大陆海岸线中部，拥有特殊的区位优势。舟山海域则是面向日本列岛和朝鲜半岛的跳板，古有"海闸"之称。

在古代，因常有新罗人（对古代朝鲜族人的称呼）由此登陆中国，所以舟山莲花洋上的一块大石礁，至今被称作

"新罗礁"。

"中远荷兰"号在宁波舟山港靠泊期间，除在港区装卸货外，还要补给淡水、蔬菜等日用品。不值班的海员非常珍惜这短暂的"下地"采购的机会，因为接下来靠泊新加坡港，可能要在 5 天之后了。

作为中国"海上丝绸之路"的重要支点城市，宁波地处"一带一路"与长江经济带交汇处，连接东西，辐射南北，通江达海，在中国构建全方位的开放格局中能发挥特殊作用。

正如习近平总书记所言，过去，中国的开放主要基于沿海地区，面向海洋、面向发达国家，"今后更多要考虑中西部地区和沿边地区开放，进一步向西开放、向周边国家开放"。

在新的时代条件下，推进国际合作，要着力打通内陆开放、向西开放通道，打通海上开放通道，在提升向东开放水平的同时，加快向西开放的步伐，推动内陆沿边地区成为开放前沿。

从古时的"海闸"到当前的区位枢纽，宁波肩负着进一步深化中国对外开放、建设海洋强国的特殊使命。中国宏观经济研究院国土开发与地区研究所所长史育龙认为，建设海洋强国，要坚持陆海统筹，积极构建全面开放新格局。

史育龙认为，习近平总书记的重要阐释，为坚持陆海统筹、构建全面开放新格局指明了方向，目的就是要让中国的开放空间逐步从沿海、沿江，向内陆、沿边延伸，构建全方位、多层次、复合型的互联互通网络，推动建立统一的全程运输协调机制，促进国际通关、换装、多式联运有机衔接，逐步形成兼容规范的运输规则，实现国际运输便利化。①

宁波历史悠久，早在 7 000 年前，先民就在此繁衍生息，创造了灿烂的河姆渡文化。唐朝时期，设明州府，宁波被称为明州。明朝时期，为避国号讳，明州府改称宁波府，取"海定则波宁"之义，宁波之名沿用至今。

宁波港扬名海外，是一座非常重要的"海上丝绸之路"港口。从古时的"海闸"，到海洋强国的枢纽，特殊的区位优势，赋予了宁波特殊的时代使命和强劲的发展潜力。

2017 年 4 月 17 日，"中远荷兰"号在靠泊浙江宁波舟山港时，遇到了马士基航运集团旗下的集装箱船舶。

世界航运巨头马士基集团，总部设在丹麦首都哥本哈根，在全球 130 多个国家和地区设有分支机构，业务包括集装箱航运、石油勘探和开采、物流、超市零售等。

---

① 史育龙：《以陆海统筹建设海洋强国》，载《人民日报》，2018 年 7 月 1 日。

如今，宁波正在推进国家海洋经济创新发展示范城市建设，顺应经济全球化与"一带一路"倡议不断推进的新形势，正在积极探索国际海洋经济合作的新模式、新路径与新机制，推动海洋经济要素国际流动。①

回望历史、总结经验，是为了服务未来、启迪发展。以构建全面开放的新格局为契机，宁波在推进21世纪"海上丝绸之路"建设，助力海洋强国梦的伟大征程中将大有可为。

---

① 《宁波市人民政府办公厅关于推进国家海洋经济创新发展示范城市建设的实施意见（角政办发〔2018〕135号）》，2019年1月9日。http://www.sohu.com/a/287737784_120042989

第二章

深蓝使者：筑梦勇士的坚守

遥望夜空，星星最亮；船行海洋，航迹最美。把自己与海洋相连，用汗水与世界沟通，肩负起21世纪"海上丝绸之路"和建设海洋强国的伟大使命——海员，这些海洋的开垦者，驾驶着远洋巨轮在辽阔的海洋上画出一道道航迹，勾勒出人类发展进程中史诗般的巨幅画卷。

航运业关乎国计民生，是海洋强国建设的重要组成部分之一。推动21世纪"海上丝绸之路"，建设海洋强国，推动国际产能合作等，需要实力强大、具有世界影响力的中国航运企业提供运输和物流保障。

海员是一种特殊的职业，以日月星辰为伴，与惊涛骇浪共舞，与家人聚少离多，常年行走在21世纪"海上丝绸之路"的最前沿，肩负使命，书写担当。他们是跨越深蓝、连接大洋的贸易使者，更是筑梦21世纪"海上丝绸之路"、肩负海洋强国使命的脊梁。

"中远荷兰"号政委郑明华是一名老党员，家在上海，跟大海打了一辈子交道。这趟中欧远洋之行，将为他37年的航海生涯画上一个圆满的句号，届时，他将光荣退休。他的航海生涯，见证了中国航海事业的时代进步，也表明了中国老一辈航海人对祖国航海事业的拳拳之心。

在离船后的采访中，我得知，老政委退休后闲不住，在社区居委会继续发挥余热，心里依旧割舍不下那些一起风里来、雨里去的海员兄弟，最关注的还是远洋运输，也时常给社区的居民讲述海员和航海的故事，义务做起了一名宣传21世纪"海上丝绸之路"的志愿者。

翻开"中远荷兰"号的航海日志，你会发现，远洋船舶航行在茫茫的大海上，敲锈、刷漆、测量淡水舱、污水井、压载舱，更换绞缆机刹车片，绑扎和紧固集装箱……这些都是海员们的日常工作。在"中远荷兰"号 29 名海员中，共有 5 名水手。水手长是何永兵，海员们亲切地喊他"水头"。

常年的甲板生活，风吹加日晒，让海员们比实际年龄显得更沧桑。大海的宽广和包容，铸就了他们的胸怀，涵养了他们的性格。初次与海员见面，一种爽朗、豪迈的感觉便油然而生。

登船那天，我瞅了瞅自己的行李箱和携带的报道设备，又看了一眼高悬而又狭窄的舷梯，心里有些犯难。虽然还不熟悉，但"中远荷兰"号的海员们却主动帮我搬运并起吊设备和行李。在以后同船的 20 多天里，他们的言行更加坚定了我对海员的好感。

黝黑的脸庞，坚挺的脊梁，夜以继日的瞭望，挥汗如雨的付出，在平凡的岗位上做出了不平凡的事……正是海员们舍小家、顾大家，在 21 世纪"海上丝绸之路"上，悉心呵护着每一箱货物顺利抵达彼岸。

21 世纪"海上丝绸之路"上的中国远洋货轮，也是中国浮动的国土，危急时刻会响应祖国号召，搭建生命通道，将身处危险境地的中国公民从海外紧急撤离。"中远荷兰"号大管轮关磊，亲历过 2011 年利比亚撤侨。

至今，他还清晰地记得，那一夜，爆炸燃起的火光撕裂了远方漆黑的夜空，559 名中国同胞等待紧急撤离……作为共和国的航运长子，中远海运在中国历次紧急海外撤侨中都发挥了重要作用。海员们的使命与担当，让鲜艳的五星红旗在异国他乡高高飘扬。

遥望夜空，星星最亮；船行海洋，航迹最美。把自己与海洋相连，用汗水与世界沟通，肩负起 21 世纪"海上丝绸之路"和建设海洋强国的伟大使命——海员，这些海洋的开垦者，驾驶着远洋巨轮在辽阔的海洋上画出一道道航迹，勾勒出人类发展进程中史诗般的巨幅画卷。

第一节　起航：从"海道辐辏"到"海铁通道"

弥漫数小时的大雾刚刚消退，船长顾正中就发出了"带拖轮，解缆绳，掉头"的专业指令。作为一艘 10 万吨级远洋货轮的船长，顾正中以这样的"三部曲"开始了其上万海里和 40 多个日夜的航程。

跨越历史的指令

"海上丝绸之路"从来都是在舵手的每一个动作和指令中积累而成的。他们用里程书写历史，又用历史指引航路，从古至今，向来如此。

不知道在"中远荷兰"号搭载的 11 254 标准箱中是否还有丝绸，但是，这些从中国出发的跨海货轮所承载的从来都不只是以丝绸为代表的货物，也不只是用数字代表的贸易额，还有交流、合作与互鉴的愿望，乃至共同的梦想。

2017 年 4 月 18 日，"中远荷兰"号驶离宁波舟山港。宁波舟山港的引航员（右一）负责引航，将引航指令传达给船长；船长顾正中（左一）与引航员密切配合，下达指令；一水倪明负责操舵（左二）。

船舶的靠离泊作业，是船舶驾驶中难度最大的环节。大型船舶在靠港时，由于航道情况复杂，需要由熟悉航道走向和港池水深的引航员将大型货轮从港外引至港内。到达港池后，再由多艘拖船协助，通过拖、顶、推等方式调整货轮角度，使远洋船舶缓慢靠泊码头。

在货轮上看着宁波舟山港的灯火在雾霭暮色中渐渐淡去，前方大海的深邃逐渐清晰起来。这样的别离远行，对宁波或者古代的明州而言，早就是时刻都在上演的场景。因为这里自古就是"海上丝绸之路"上的繁忙驿站。

宁波海曙区今天还留有一处宋元明时期的衙署仓储遗址，名为"永丰库"。那里地处河运和海运的交汇处，因此成为重要的商品库房，类似于现代的集装箱码头。

从遗址中出土的大量宋元时期的越窑、龙泉窑、德化窑等名窑佳品不难看出，那时的宁波，海上交通已相当繁忙，各地商品经由陆路进入河道水系，并沿京杭大运河、浙东运河抵达宁波，再从宁波出海远航至"海上丝绸之路"沿线各国。

由京杭大运河、隋唐运河和浙东运河组成的"中国大运河"项目于 2014 年申遗成功，描绘出古代宁波汇集各方货物的线路和宁波天然海港的自然特征，使古籍对宁波"海道辐辏之地"的评价变得更加形象。南宋《乾道四明图经》还用"南则闽广，东则倭人，北则高句丽，商舶往来，物货丰衍"等词句记录了宁波当时商贾云集、船只如梭的场面。

穿越时代的枢纽

当永丰库变为历史，当大运河失去运输干道的功能，宁波舟山港传承起新的使命。

2015 年，"一带一路"倡议明确宁波舟山港为 15 个沿海重点港口之一。2016 年，宁波舟山港累计完成集装箱吞吐量 2 156 万标准箱，同比增长 4.5%，增幅位居全球前五大港口之首，集装箱吞吐量排名蝉联全球第四、全国第三。如果以 9 亿吨的货物吞吐量计，宁波舟山港已连续 8 年位居世界第一。

在"一带一路"倡议下，宁波舟山港凭借中转箱、内贸箱、海铁联运箱"三驾马车"，巩固了海陆联运优势。

2017 年 1 月，"西藏号"集装箱班列从宁波舟山港出发，这个"海上丝绸之路"上的千年港口第一次把业务延伸至雪域高原；2017 年 3 月，装有 74 个集装箱的专列从港口奔赴匈牙利，这是宁波舟山港第一次以集装箱国际联运物流模式向东欧国家发送货物。"一带一路"正在把这个千年港口打造成国际海铁联运大通道，也在谱写"海道辐辏"的新篇章。

2019年1月，宁波舟山港集团发布的数据显示，2018年宁波舟山港年货物吞吐量再超10亿吨，继续保持世界唯一的超10亿吨超级大港地位，港口排名实现全球"十连冠"。

与此同时，宁波舟山港年集装箱吞吐量首超2 600万标准箱，首次跻身世界港口排名前三名。2018年，宁波舟山港先后开通9条海铁联运线路，并开通国内首条双层集装箱海铁联运班列，箱源腹地不断向内陆地区延伸。海铁联运迅猛发展，成为宁波舟山港集装箱吞吐量增长的重要助力。

超越贸易的使者

以贸易为纽带，"海上丝绸之路"的内涵已远超贸易本身。在宁波大学教授刘恒武看来，历史上的宁波，凭借贸易往来，向东可依舟山群岛往来日本和朝鲜半岛，向南可经由泉州、广州而通达天下，由经贸拉动交流，因交流而实现文化互鉴。

宁波现存的大量物质遗存，是海上往来的文明见证，更是推动文化、艺术、宗教国际传播的典型案例，例如上林湖越窑青瓷遗址、天童寺、阿育王寺、高丽使馆遗址、庆安会馆等。刘恒武举例说，天童寺在宋元时期就与日本禅林频繁交流，深刻影响了日本禅宗的发展。

不同文明间的差异恰是丝绸之路起源的动因。人类文明的多样性，让不同国家和民族间的文化交流和文明互鉴成为可能。从中国到东亚、东南亚，再到欧洲，"海上丝绸之路"不断拓展、延伸，在给沿线国家和人民带来商贸便利的同时，也丰富了当地社会文化，促进了不同国家与文明间的交流与互动。

"中远荷兰"号就是一名交流互动的使者。

在海上航行，遭遇险情在所难免。参与海难救助行动既是国际义务，也是中国海员一直秉承的优良传统。陈道明，上海人，1967 年生，航海 30 多年，经历过大风大浪，参加过几年前"中远中河"号对在巴布亚新几内亚近海遇险的一艘外籍渡轮的救援工作。

2017 年 4 月 20 日，"中远荷兰"号海员在两翼甲板上合影，从左至右依次为驾驶见习生高奇峰、大副李红兵、一水倪明、机工黄迪、机工长余红柳、助理政委蔡团杰。

2012 年 2 月 2 日，一艘载有大约 350 名乘客的渡轮在巴布亚新几内亚东部近海沉没。在收到澳大利亚搜救中心转发的遇险信息后，航经这一海域的"中远中河"号立即向公司总部报告，申请掉转船头参加营救。

陈道明说，公司总部立即同意，"中远中河"号随即全速返航，大概两个小时后抵达海难现场，开展搜寻救援。"我当时在驾驶台操舵，（救援时）要尽可能操纵船舶接近遇险人员乘坐的两艘救生筏，大家齐心协力，历时 4 个多小时，成功救起 29 人，其中有 4 名儿童。"

2012 年 3 月 5 日，澳大利亚海事局向"中远中河"号颁发海上救助奖章，表彰"中远中河"号全体海员在那次救援行动中表现出来的国际人道主义精神。

从"中远中河"号到"中远荷兰"号，中国的远洋货轮走到哪里，友谊的种子就播撒到哪里。2016 年圣诞节，"中远荷兰"号停靠德国汉堡港。汉堡港区工作人员给"中远荷兰"号的海员们送来一棵圣诞树，为他们送上了节日的祝福。

"中远荷兰"号从天津港出发，先前已经停大连、青岛和上海，在宁波舟山港卸下了 1 236 标准箱，又装载了 2 629 标准箱，共装运 11 254 标准箱前往欧洲，预计将于 2017 年 4 月 19 日下午穿越台湾海峡，当天夜间从南海海域驶出国门，在停靠新加坡港之后，将朝着欧洲三港继续西行。

第二节 一名老海员，一世"海丝"情

"'中远荷兰'号沿着21世纪'海上丝绸之路'起航了。"

"离港的汽笛，驱赶了多情的海鸥；缆绳也解离了我们对故土的亲昵；雷达的扫描，模糊了眺望家乡的视线，也收藏起我们对妻儿的牵挂，对父母的叮嘱。"

"中远荷兰"号政委郑明华是一位有着37年海龄的老海员。他质朴的文字，充满着对大海的深情，对祖国航海事业的热爱，饱含着对家人的依依不舍。从机工到报务员，再到"中远荷兰"号的政委，郑明华的航海生涯见证着中国航海事业的不断进步。

中国建设21世纪"海上丝绸之路"倡议的提出，赋予了海洋这一广阔的"蓝色舞台"新的时代内涵。

随着中国航海事业的进步，更加现代化的远洋运输船队和更具国际视野的中国海员，接过历史的接力棒，在一次次扬帆起航中谱写新的时代华章。

跨越大洋的"中远荷兰"号海员们，属于中国，更属于世界，在与21世纪"海上丝绸之路"沿线国家的交往中，增进了中国与世界的相互了解，在共筑21世纪"海上丝绸之路"的合作中实现了互利共赢，助推了文明互鉴与人类进步。

从进口二手船到国产 10 万吨轮

1980 年，郑明华从空军某雷达部队复员，经过短期的英语和机工技能培训后，先从船舶机舱的机工干起。他刚工作的时候，工作和生活条件比较艰苦，3 名海员共用一个房间，没有单独卫生间。

"30 多年前，船舶公司多是进口的二手船，"郑明华说，"一艘万吨级货轮要配置四五十名海员，机舱噪声大，温度高，故障多，要 24 小时值班，但又没有专门用于监控机舱设备和供机工休息的场所——集控室。"

2017 年 5 月 7 日，"中远荷兰"号在靠泊希腊比港期间，作者（右一）与新华社雅典分社首席记者陈占杰、刘咏秋等合作，采访郑明华（中）。

郑明华被称为"中远荷兰"号的诗人，年轻时下过乡，也扛过枪。退休之际的老政委，谈及 21 世纪"海上丝绸之路"和海洋强国建设，内心充满了不舍和憧憬。

不能忘记，中国的第一艘远洋轮船是一艘二手船。1961年4月28日，广州远洋运输有限公司成立的第二天，中国第一艘远洋运输船"光华"号（意为"光我中华"）悬挂中国国旗，在广州黄埔码头一声长啸，昂然起航，奔赴印度尼西亚雅加达港接运受难华侨，开通了新中国成立后第一条远洋航线，即黄埔—雅加达航线，也揭开了新中国远洋运输事业的序幕。

"光华"号是中国从希腊轮船公司购买的一艘已经报废的邮轮，经过修复改造而成远洋货轮。第一任船长是新中国航海界的老前辈陈宏泽，政委刘炳焕，轮机长戴金银。"当时，凡嗓门大、耳朵背的海员一定是干机舱的。"郑明华说。因为机舱轰鸣的声音会对听力造成一定损伤，海员在机舱里对话必须要很大声才能听到。

如今的"中远荷兰"号是超10万吨级的远洋货轮，由中国人自己设计，最低配员为14人。机舱无人值守也能正常运行，配有专门的集控室和休息室，也有空调设备。机工配备专用耳塞，大大减轻了机械设备噪声对听力的损伤。

后来，经过自学和接受专业培训，郑明华获得了报务员资格，从机工转岗报务员。在报务员的岗位上，他一干就是20年。报务员负责船舶的对外通联。因为需要24小时轮流值班，所以当时的远洋船舶配备了三四名报务员。

无线电通信受天气和距离的影响较大，船舶与外界联系依赖报务员"指尖上的功夫"，发一份货物清单的电文需要几个小时。收发电文也需要等候最佳时机，往往天气越恶劣，越需要与外界通联，而此时对外联系更加困难。另外，接收航行通告和气象预报等都会受到天气影响。

如今,"中远荷兰"号已经安装了 VSAT 卫星通信系统,可随时随地连接互联网,专职报务员的岗位也随着通信技术的进步而被取消。2002 年,郑明华从报务员转岗船舶政委,负责船舶安全保卫、后勤保障和党支部建设工作,直至退休。

从"洋货"流行到国货畅销

"中远荷兰"号目前走的是从东亚到西北欧的航线,一个班期大约 70 天。而在 20 世纪 80 年代,同样一条航线,需要走 100 多天,甚至更长时间。郑明华说,他刚当海员时,海上大多是散货运输船,像"中远荷兰"号这样的集装箱班轮不多。

如今,中远海运在"一带一路"沿线布局的集装箱班轮航线有 167 条,投入了 172 万标准箱的运力,占集装箱总营运船队规模的 58%。随着时代的变迁,远洋贸易的货物也有了很大变化。

20 世纪八九十年代,"拉一整船货出去,只能换回几台精密仪器"。中国出口的多是农产品、原材料和初加工纺织品等低附加值产品,而进口的大多是成品油、机器设备等高附加值产品。进出口货物的这种巨大反差令海员们难过极了。

眼下的"中远荷兰"号,装载了很多中国制造的高附加值电子、家电等产品。这些"中国制造"价廉物美,备受海外消费者的青睐。

郑明华自豪地说,现在国外流行"中国制造"。海员们每到国外港口，当走出港区以补给自己所需的物品时，随处可见待售的"中国制造"，包括家电、手机等。

20世纪80年代初期，虽然中国已经实行改革开放，但国门没有完全打开。一些不能通过正常途径出国的人，千方百计通过非法渠道出国，偷渡集团的"蛇头"也盯上了远洋船舶。

他说，偷渡者会利用港口安保松懈的漏洞，搜集船舶动态、下一站停靠的国家和港口等信息。冒充码头工人或工作人员等上船后，偷渡者会躲藏在大仓、管道夹缝、空集装箱里，甚至躲藏在救生艇内。

"作为船舶政委，我肩负着船舶的安全保卫工作。一般来说，船舶在离港两小时前，政委要组织相关人员对全船进行一次拉网式检查，确认无误并报船长后方可开船。总是要慎之又慎、细之又细，真是如履薄冰。"郑明华说。

随着改革开放的深入，我国经济取得了长足发展，综合国力日益提升。2019年，中国国内生产总值突破90万亿元，人民生活水平不断提高，通过远洋货轮偷渡或海员外出未归的事件基本不会再发生了。

2001年美国"9·11"恐怖袭击事件发生后，国际海事组织实施了更加严格的《国际船舶和港口设施保安规则》，目的是防止恐怖分子利用船舶进行恐怖袭击。郑明华说，这就要求远洋船舶进一步做好离港检查和在港控制外来人员登轮的规定。正因如此，"中远荷兰"号每到一个港区，当班人员都会在船舶的舷梯口值勤，加强对登船人员的检查。

最大的奢侈

远洋海员出海，一个航次，时间短的一个月左右，时间长的长达半年，有的船舶有时不回母港。与妻儿、父母的短暂相聚，是每一名海员最大的奢侈。

郑明华回忆说，当时，公司对家属来船探亲的政策非常严格，如要带结婚证，非直系亲属不能来船，兄弟姐妹、岳父母不能探亲，不允许海员的妻子跟船，等等。

1992年，郑明华的妻子带女儿到青岛探亲，"那时，我跑的是青岛至非洲航线，4个月一个航次。船上的大多数海员已经跑了两个航次，8个月没能见到妻子儿女了，有十几位海员的家属早已抵达青岛了，但我们的船抵达后，因码头没有装卸计划，迟迟进不了港"。

那时候没有手机，船载卫星电话也不对海员个人开放，公司有规定，海员家属不能到锚地上船探亲。亲人们隔海相望，望眼欲穿……等待了大概15天，船舶终于靠岸了。漫长的等待中，有的家属生病了，有的家属则因假期结束被迫返回了，"我的妻子、女儿因当时的招待所卫生条件差，都染上了红眼病"。

"记得（船）是下午4点靠泊的，一家人终于团聚，吃了个晚饭，话还没有唠完，船上的广播就响了。政委在广播中首先欢迎家属来船探亲，但同时也要求大家遵守公司规定，家属不能在船上过夜，夜里12点之前要离船，大多数海员还要工作值班，不能陪同家属'下地'。"

那时候，船上的政委和保卫干事盯得特别紧，执行公司规定也"非常生硬"，通常是分别给海员做工作，动员家属离船，不要在船上过夜。

郑明华说："海员真的是欲哭无泪，有的海员在政委、政治干事的监督下，让家属在夜里 11 点 55 分下船，次日零点 5 分再上船。这种做法明显有些自欺欺人，也让大家很伤心。"

时代在进步，观念在改变，公司对海员的管理也更加人性化，远洋海员的家属迎来了春天，探亲再也不是问题了。现在，船舶欢迎家属探亲，还会为家属精心准备菜肴和温馨的聚会。公司港口代理负责免费接送海员家属，让家属切切实实感受到了公司的温暖。

老海员憧憬新丝绸之路

"中远荷兰"号此次中欧远洋之旅，将是老政委的最后一次中欧丝绸之路行。跑完这一趟，郑明华将荣归故里，与家人团聚。作为一名航海老兵，郑明华对打拼了一辈子的远洋事业，跑了一辈子的大海，有着无尽的眷恋和不舍。

这种对大海的眷恋和深情，化作了对 21 世纪"海上丝绸之路"的憧憬。

郑明华说，共建"一带一路"，让海员们很期待。随着 21 世纪"海上丝绸之路"建设的推进，中国与沿线国家的贸易必将更加繁荣，中国与世界的交往也会更加密切。

在老政委看来，中国与沿线国家的贸易增长，将进一步带动中国远洋运输事业的发展，也必然会刺激对海员的需求。当然，中国海员与国际航运的不断接轨，又将促进中国航海事业的发展与进步。

郑明华说，30多年前，懂英文的海员很少，跟外界打交道需要依靠专职翻译。现在海员大多从正规航海类院校毕业，专业水平很高，尤其是主修航海驾驶专业的驾驶员和主修轮机管理专业的轮机员，都是专业型人才。

"远洋货轮经常要停靠一些外国的港口，海员要与外国港区的工作人员交流。所以说，这些中国海员不仅是把中国货物运到欧洲的'搬运工'，更是展现中国国家形象、促进中国与世界交流互动的名片，是向世界展现中国正能量的窗口。"

截至2019年3月，"中远荷兰"号所属的中远海运，已在全球投资经营码头56个，遍及亚洲、欧洲、北美洲、非洲和南美洲，绝大多数码头分布于21世纪"海上丝绸之路"沿线区域，并形成了以船舶为纽带、以码头为支点、以物流业务为延伸、以航运服务业务为支撑的全球经营网络，积极服务国家的"一带一路"建设。

没有温婉的渔歌与晚霞，只有海天相接的广袤；没有醉人的清风，只有汹涌的浪涛；没有清澈的水滴，只有那一片醉人的深蓝。21世纪"海上丝绸之路"上的海员们，让广袤的大海成了一道别样的风景。

"沿着航海家郑和的航迹，'中远荷兰'号将穿越南海、马六甲，直至印度洋。让我们一起直面风浪、快乐漂泊，让我们共同享受大海的颠簸。"这是一名老海员对大海的深情告白，也充分彰显了一名老政委对"海上丝绸之路"的深情。

第三节　茫茫大洋：淡水从哪里来？

水是生命之源。"中远荷兰"号此次从中国天津港出发前，首次注入淡水 300 吨。大副李红兵说，预计在新加坡港停泊期间（2017 年 4 月 23 日，"中远荷兰"号停靠新加坡港，第二次补充淡水 145 吨）和在德国汉堡港期间都会补充一些淡水。

食物和淡水充足，身体健康，是保障海员安全出海的最基本条件。海员离港后，要在茫茫的大海上漂泊几个月，甚至更长时间，但海水又苦又咸，不能直接饮用，怎么办？

除了靠泊港口期间补充淡水之外，科技的进步已经让远洋货轮配备了造水机。造水机制造的淡水可以满足海员们的日常生活所需和船舶的设备用水需求。

海水综合利用是国家海洋战略性新兴产业。随着"一带一路"建设的不断深入，"海水淡化"这一耳熟能详的词汇正在成为世界认识中国的一张新名片。但是，在没有造水机的古代"海上丝绸之路"上，古代的航海人又是如何解决这一难题的呢？

古人的航海智慧

在古代"海上丝绸之路"上，伟大的航海家郑和率领的船队是如何解决饮用水问题的呢？有人推测，郑和船队在下雨时可以收集雨水。但不下雨的时候怎么办？

明朝初期，郑和率船队七次下西洋，随行的马欢撰写的《瀛涯胜览》、费信撰写的《星槎胜览》和巩珍撰写的《西洋番国志》，表达了明朝"宣德柔远"、加强中外联系和"共享太平之福"的意愿。

其中，巩珍在《西洋番国志》中记载："缺其食饮，则劳困弗胜，况海水卤咸，不可入口，皆于附近川泽及滨海港湾，汲汲淡水。水船载运，积贮仓粮舟者，以备用度，斯乃至急之务，不可暂弛。"[1]

史料记载，郑和及其船队出海之后，除了库存食物，水产类可就地捕钓，并在船舱中以活水养殖；家禽类可在船上畜养；蔬菜也可以在船舶上栽种。郑和船队的船只还配备了贮水的水柜，可供日常生活所用。

根据《西洋番国志》的记载，整个船队也配有"水船"，可运送淡水。食品、货物、医疗用品也是整整齐齐，分开存放，以保障海员的卫生安全，防止病毒传播、疾病滋生。

现在，像"中远荷兰"号这样的10万吨级的远洋货轮，自身已经配备了海水淡化装置——造水机。除靠港期间补充淡水外，还可以用造水机将海水转换成淡水，供海员和船舶使用。

"中远荷兰"号二副杨万里，山东人，从事海运已有10

---

[1] 《在当年，郑和船队的生活条件怎么样？》，载历史研习所，2016年10月20日。http://news.163.com/16/1020/10/C3QJEU57000187UE.html

年。他告诉我，"中远荷兰"号上 29 名海员所用的淡水分为两部分：一部分是饮用淡水；另一部分是生活用水，包括海员的日常洗漱和卫生间用水等。

　　2017 年 4 月 23 日，新加坡港码头，"中远荷兰"号大副李红兵在甲板上做靠港准备。李红兵，1987 年出生于江西，大学本科，毕业于上海海事大学，船舶驾驶专业。大副是职位仅低于船长的船舶驾驶员。

　　在船长（和政委）的领导下，大副负责甲板部的全面工作，履行航行值班职责并协助船长确保安全航行，主管货物装卸运输和甲板部的维修保养。随着 21 世纪"海上丝绸之路"和海洋强国建设的推进，远洋运输行业对专业人才的需求不断增加。

　　尽管造水机能制造淡水，但由海水转变而成的淡水基本上还是与在港口加注的淡水混合，作为海员的日常生活用水和船舶设备用水。海员们的日常饮用水，基本上是靠港期间加注的淡水。

高温机舱，清洗造水机

"中远荷兰"号的大管轮关磊，30 多岁，毕业于山东青岛远洋海员职业学院，主修轮机管理专业。大管轮在船上又被称为"二轨"，职位仅次于轮机长，也是轮机长的主要助手。

"中远荷兰"号大管轮关磊（左一）。与常年航行在 21 世纪"海上丝绸之路"上的海员们一样，关磊与家人聚少离多。

海员是一种特殊的艰苦职业，在海上漂 6～8 个月是常事。除非靠港时家人前来探亲，平时只能靠邮件或短信与家人联系，根本顾不上家，对家人也常怀愧疚和思念。接受采访时，关磊对我说，上一次休假回家，"3 岁的儿子喊了我一声叔叔，我的眼泪唰的一下就流了下来"。

关磊解释说，造水机主要是通过蒸馏海水的物理方法来获取淡水。其大致原理是，造水设备在真空状态下蒸馏海水，然后用海水将蒸汽冷却，使其凝结成淡水，最后将淡水收集起来，导入日用水仓，供海员和船舶上的设备使用。

为保障造水机正常运行，每隔一段时间，海员们就需要对造水机进行清洗，清除水垢等诸多杂质。"中远荷兰"号的机舱位于船舶负2层，噪声较大，温度很高，轮机人员要佩戴耳塞，才能进入机舱工作。

下到机舱，一股热浪迎面袭来。4月24日9点30分左右，机舱温度计显示42摄氏度。按计划海员们今天要清洗造水机。

2017年4月24日，"中远荷兰"号二管轮梁哲夫、三管轮刘方元、机工长余红柳和机工姚威等海员下到机舱，戴上耳塞，在40多摄氏度的高温和高噪环境中清洗造水机，以保障船舶航行期间的淡水供应。

在40多摄氏度的高温环境下，"中远荷兰"号轮机部的机工相互协作，工作4个多小时，汗流浃背。不一会儿，蓝色连体工作服被汗水完全浸透，用手轻轻一拧便能拧出水来。回到集控室，严重脱水的海员们，一口气便可以喝掉一整瓶水。

"中远荷兰"号有两个淡水仓：饮用水仓和日用水仓。饮用水仓可储存淡水 275.5 吨，日用水仓可储存淡水 328.1 吨。靠港期间注入的淡水，存储在饮用水仓或日用水仓内，造水机制造的淡水则存储在日用水仓内。

据介绍，"中远荷兰"号上的造水机，每天最多可制造淡水 30 吨，但为了保障水质，海员们会控制造水量。包括 29 名海员的日常用水以及冲洗甲板等工作用水在内，日均耗水量为 15 吨左右。

关磊告诉我，通过造水机获取淡水以后，剩下的浓盐水会直接排到大海里去。所幸，大海足够宽广，要是在一片狭小的海域，大规模海水淡化所产生的浓盐水的持续注入，会让该海域的海水盐度不断升高，甚至危及海底生物，而这也是大规模工业化淡化海水需要考虑和解决的问题。

海水淡化："一带一路"新名片

海水淡化是指脱除海水中绝大部分盐分，使处理后的海水达到生活用水标准的水处理技术。海水淡化具有不受气候影响和供水稳定等优点，目前已为越来越多的国家所重视。

近年来，随着人口增长和经济发展，水资源短缺问题在全球范围内日益凸显。海水淡化也越来越引起人们的关注。中东、澳大利亚、中国以及欧美部分地区，已将淡化后的海水和其他苦咸水视为新的水源，并着力发展相关产业和技术。

国家海洋局海洋发展战略研究所发布的《中国海洋发展

报告（2018）》指出，海水综合利用，是中国国家海洋战略性新兴产业，不仅包括海水的淡化利用，也包括海水直接利用和海水化学资源利用等。海水制盐和海水提钾等，这些人们熟知的从海水中提取各种化学元素的方法，就是对海水的化学资源的利用。

我国海水淡化的规模不断增大，截至 2016 年年底，全国海水淡化规模达到每天 118.81 万吨，其中，2016 年全国新建成海水淡化工程 10 个。[①] 目前，国内海水直流冷却技术已基本成熟。2016 年，海水冷却技术在中国沿海核电、火电、石化等行业均得到广泛应用。

中国自然资源部天津海水淡化与综合利用研究所成立于 1978 年，是国内唯一一家专门从事海水淡化、海水直接利用、海水利用发展战略、海岛水资源保护与利用等公益技术、产业化关键技术和发展战略研究的非营利性公益科研机构。

在巴基斯坦、印度尼西亚、文莱、佛得角、吉布提、马尔代夫，一个个由中国自然资源部天津海水淡化与综合利用研究所建造和完善的海水淡化项目，正在有效地解决当地的用水问题。中国的自主技术装备也随之向海外输出，开辟了国际海水利用的广阔市场。

正如该所所长李琳梅表示，经过多年的发展和积累，中国的海水淡化技术已初步具备系统集成和工程成套能力，中国用自主技术在国内建成日产万吨级以上示范工程，技术指

---

① 国家海洋局海洋发展战略研究所课题组：《中国海洋发展报告（2018）》，北京：海洋出版社，2018 年，第 166 页。

标与国际相当。

2014 年 12 月 4 日，马尔代夫首都马累市水务公司海水淡化厂失火，该事故导致马累 15 万人缺乏饮用水。要知道，马尔代夫全国只有 40 万人。马尔代夫政府宣布，全国进入紧急状态。

值此危急之际，除中国政府伸出援手，向马累市空运饮用水之外，中国自然资源部天津海水淡化与综合利用研究所也应邀派出技术团队驰援，为马累市海水淡化厂加快恢复供水提供了重要技术援助，得到了马尔代夫政府的高度赞赏。

海水淡化，对于节约陆地淡水资源，保护生态环境，维持经济可持续发展，具有重要的意义。随着"一带一路"建设的不断深入，海水淡化技术正成为世界认识中国的一张新名片。

第四节　难忘利比亚撤侨：站在浮动国土之上

我们是幸运的，
生在一个和平的国度，
但这个时代依然暗流汹涌。
身后强大的祖国，
是我们最大的依靠。
中远海运的巨轮和海员们，
常年穿梭于大洲与大洋之间。

和平时期，他们是"海上丝绸之路"的使者，

危难关头，他们是浮动的国土、生命的通道。

——向历次危难时刻参与共和国撤侨的海员们致敬

米苏拉塔：炮火撕裂的黑夜

2011 年 2 月 17 日，北非地区国家利比亚国内发生武装冲突，安全局势急剧恶化，严重威胁在利比亚的中国公民的人身安全。2 月 22 日，中国驻利比亚大使馆发言人证实，部分在利比亚的中资企业和机构遭歹徒抢劫，在遇袭受伤的中国人当中，有 15 人伤情较严重，另有一些人受轻伤。

中国商务部统计数据显示，中国当时在利比亚开展投资合作的企业共有 75 家，工程项目 50 个，人员 36 000 多。截至 2 月 23 日，共有 27 个企业工地、营地遭到袭击和抢劫，部分人员受伤，所幸无人员死亡。

局势动乱和武装冲突给在利比亚的中资企业造成了重大经济损失，多家中资企业受到严重冲击，车辆、施工机具、材料、办公设备及现金等被抢劫、打砸或烧毁，饮用水只能维持 3～5 天……为保护在利比亚的中国公民的人身安全，撤侨行动，刻不容缓。

"同胞危急，当时，我们日夜兼程，克服风大浪急和缺少海图水文资料等困难，加速前进，按上级要求，及时抵达指定位置，与中国驻当地使馆和中远海运驻外机构密切配合。"已经退休的"天福河"号老政委杨连海回忆起当年的撤侨经历，至今仍印象深刻。

2011年2月23日9点35分左右，"天福河"号接到上级指令，紧急前往利比亚撤侨。当时，"天福河"号轮船正航行在从欧洲返回中国的途中。

一接到上级命令，船长周明朗和政委杨连海便立即组织海员做好相应准备，将货轮开赴利比亚海域，参与撤侨行动。

当时，关磊是中远海运"天福河"号的三管轮，也是"天福河"号撤侨事件的亲历者。关磊回忆说，"天福河"号主机的一台增压器出现了故障，但由于情况紧急，在船长的指挥下，轮机部将这台故障的增压器封闭，克服困难，全力奔赴利比亚米苏拉塔港。

几经周折，当地时间2月26日深夜，"天福河"号抵达并靠泊在撤侨的目的地——米苏拉塔港区。晚上9点30分左右，第一辆满载中国撤离人员的大巴车停在货轮边。

在中国驻当地使馆工作人员和海员的组织下，撤离的中方人员排队快速上船。"爆炸声很密集，我们在船上听得很清楚。559名中国同胞等待撤离，护送他们的车辆在港区排起了长队。"直至今日，关磊依然清晰地记得，就在距他们不远的地方，爆炸燃起的火光将漆黑的夜空撕裂。

559名中国同胞中，有7名妇女和1名伤员，其余大部分是在当地从事铁路、通信和石油等行业的中国工程劳务人员。子弹横飞的危险，连续多日的奔波和劳累，让中国同胞的脸上写满了不安。

登船：妈，我到家了

关磊说，撤侨的情景让他一辈子难忘，正是在这种危急时刻，才能更加深刻地体会到，"身处异国他乡，身后强大的祖国，才是我们最大的依靠"。

559名中国同胞有条不紊地快速登船。在"天福河"号的舷梯一侧，悬挂着一条横幅，写着："祖国欢迎你！"此情此景，让许多中国同胞感动得热泪盈眶。

"我是'天福河'号船长周明朗，请允许我代表'天福河'号全体海员，向你们道一声：大家辛苦了。这些天来，大家在利比亚担惊受怕。踏上'天福河'号，就是踏上了祖国的一片浮动国土。"

"大家现在可以安下心来。'天福河'号全体海员欢迎你们。尽管船舶条件有限，但全体海员将与大家同甘共苦，为大家提供力所能及的后勤保障。"船长周明朗通过广播，对几百名刚刚登轮的同胞说。

不少同胞眼里闪着泪花，紧张的心情终于舒缓下来。还没安顿好，从骚乱中撤出来的中国同胞，便纷纷向家人报平安。"我们出来了"，"我们上船了"，"我们安全了"……

人群中有一位女同胞，她对着电话颤抖地说道："妈，我踏上祖国的轮船了，马上到家了。"家是最小国，国是千万家。这艘高悬五星红旗的"天福河"号巨轮，就是他们的家。

因为是临时接到的紧急任务，"天福河"号货轮原本仅配备了满足24名海员所需的食物和淡水，所以接到撤侨命令后，全船即刻开始控制饮用淡水。接上559名中国同胞之后，问题接踵而至，如何解决几百名同胞的吃饭问题，摆在大家面前。

2011年2月26日夜，中远海运"天福河"号舷梯一侧，悬挂着"祖国欢迎你"的横幅。等待紧急撤离的中国同胞开始登船，准备搭乘"天福河"号货轮撤离战乱中的利比亚。

经商议，为了让每一名同胞都能吃上热乎乎的饭，海员们决定在合理范围内尽量节约食物，每天只安排两餐，以保证基本的食物摄入。于是，海员们将有限的蔬菜剁碎，混合大米和肉，煮成稀粥分给大家。

在"天福河"号的生活区，走廊里都挤满了撤离的中国同胞。排队、盛饭、吃饭，一个人匆匆吃完后，把碗递给工作人员，经清洗后再次投入使用。流水作业，忙而不乱。

大厨舒伟任和服务员高飞在餐厅打地铺，凌晨3点，便摸黑起来开始准备第一顿饭。厨房里 3 个电饭煲、4 块电炉板和一个水汀缸连续运转，一直到晚上 10 点。他们连续奋战几天，眼睛都熬红了。

"天福河"号船长周明朗，撤侨途中在驾驶台瞭望，以确保撤侨工作万无一失。

经过约 42 个小时的航行，535 海里航程，2 月 28 日晚上 8 点左右，"天福河"号安全抵达希腊克里特岛伊拉克里翁。从利比亚撤离的中国同胞们，也将从这里踏上回家的路。2 月的伊拉克里翁，夜晚宁静而迷人。相信这个充满温情的异乡之夜，会被许多中国同胞铭记一生。

远洋货轮：浮动的国土

和平时期航行在 21 世纪"海上丝绸之路"上的中国远洋货轮，是沟通中外贸易的使者，架起的是中国与世界互联互通、合作共赢的桥梁。危难时刻，这些驰骋在大洋上的远洋货轮，是一片片浮动的中国国土，海员就是中国同胞的亲人。

在此次利比亚撤侨行动中，除"天福河"号外，"中远上海"号、"中远青岛"号、"康诚"号、"天杨峰"号、"新秦皇岛"号、"新福州"号等6艘货轮也在指定海域集结待命，随时等候祖国母亲的召唤。

此次利比亚撤侨，经中央军委批准，第一次动用了中国海军，海陆空联动，共9天8夜，规模空前，是新中国成立以来最大的一次撤侨行动。

3月1日，中国海军"徐州"号导弹护卫舰抵达任务海区，与中国政府租用的希腊"卫尼泽洛斯"号商船会遇，开始执行护航任务。彼时，"卫尼泽洛斯"号商船搭载了2 142名中国同胞。

在地中海海域，中国海军530舰正在护航执行撤侨任务的中远"天福河"号货轮。

同一天，中国空军首架伊尔–76运输机抵达苏丹首都喀土穆。按照计划，在喀土穆国际机场加油之后，中国空军运输机将直接飞往利比亚南部城市塞卜哈，执行接运在利比亚的中国同胞的任务。

截至3月2日晚上11点，分散在利比亚各地的35 860名有意愿回国的受困同胞先后全部安全撤离。

作为共和国的航运长子，中远海运在历次海外撤侨工作中都发挥了关键作用。1959年，印度尼西亚出现一股反华、排华的逆流。当时，为了接侨和发展远洋运输，中国政府决心组建自己的远洋船队。

在国家经济困难、外汇收入极少的情况下，经周恩来总理批准，拨专款从希腊轮船公司购进一艘二手船，经修复后改名为"光华"号，这也是中国第一艘远洋船舶。20世纪60年代，"光华"号、"新华"号等一直活跃在新中国的撤侨战线上；到了70年代，"明华"号等赴越南、柬埔寨撤侨；90年代，"富清山"号赴刚果撤侨……

2000年6月12日清晨，中远集装箱运输有限公司（以下简称"中远集运"）"阳江河"号接到命令，前往发生政变的所罗门群岛执行撤侨任务。在克服海况条件恶劣、安全形势严峻等重重困难后，"阳江河"号成功接救117名侨胞。整个撤侨过程，绕航2 389海里，历时99小时。

"阳江河"号撤侨行动开创了新中国在没有外交关系国家撤侨的先河。同年7月3日，中国外交部举行撤侨工作表彰仪式，从正门铺设红地毯迎接和感谢撤侨海员，船长丁海弟等获颁奖状。

撤侨后记：一封封感谢信

同胞们离船后，"天福河"号的一些海员在回头整理腾让出来的房间时，看到了同胞们留下的一封封感谢信。中铁十一局四公司的同胞在感谢信中说："利比亚沿海铁路项目部机械五队全体员工感谢祖国，感谢中远海运'天福河'号全体领导和海员。"

一位名叫胡冀鹤的同胞在感谢信中这样写道："感谢'天福河'号全体海员无私、无畏、舍己助人的援助，感谢你们的救命之恩。祝全体海员及你们的家人平安、幸福。"

尽管同胞们归乡心切，但在离船时也难掩对"天福河"号的不舍和眷恋。就要离开"天福河"号了，让我们在一起合影留念吧。寥寥数语，温暖着"天福河"号的海员们，也扫清了他们几日来的疲惫！"只要祖国需要我们，无论在哪里，我们都会即刻到达！"关磊说。

五星红旗，高高飘扬

为出色完成上级交给的撤侨任务，发挥党员干部的模范带头作用，确保同胞们在船上有条不紊，2011 年 2 月 27 日上午，"天福河"号成立了"'天福河'号撤侨临时党支部"。

在"'天福河'号撤侨临时党支部"的指挥下，"天福河"号政委杨连海和船长周明朗对船舶的防火、后勤保障和卫生等事宜进行了分工，确保同胞们在船期间的安全，并要求党员们以身作则，如果遇到问题要及时沟通，协调合作，确保

"'天福河'号撤侨临时党支部"成立。党支部召开专门会议，部署在船同胞的安全、饮食和休息等问题，确保所有在船同胞的安全。

撤侨任务圆满完成。

"'天福河'号撤侨临时党支部"人员组成如下：

书记：杨连海（"天福河"号政委）

副书记：周明朗（"天福河"号船长）

支部成员：蔡桂武（"天福河"号轮机长）

周德彬（中铁十一局五公司副经理）

王桂香（女，中国长江岩土公司）

施实建（中铁十一局五公司机械队）

姚长红（中铁十一局五公司综合队）

黄珍元（中铁十一局五公司涵洞开挖队）

欧阳宏昌（中铁十一局五公司碎石队）

蒋建平（中铁十一局五公司预制队）

　　随后，"'天福河'号撤侨临时党支部"组织船上的党员和部分海员举行了升国旗仪式。在苍茫的大海上，"天福河"号上的五星红旗高高飘扬。

　　在希腊克里特岛伊拉克里翁港区，撤离的中国同胞们与"天福河"号的海员们热情相拥，挥手告别。他们共同见证了叙利亚撤侨这段不平凡的经历。

　　"党支部建在船上"，船舶配备政委，这是中国远洋货轮的特色。远洋船舶是浮动的国土，"党支部建在船上"是这片浮动国土的生命线。正是有了中国共产党的正确领导和坚强的政治核心，远洋船舶和海员们才能在关键时刻发挥战斗堡垒作用，不负党中央和国家的重托，出色地完成艰巨而光荣的撤侨任务。

　　"'天福河'号撤侨临时党支部"的党员、海员与部分中国同胞在船上举行升国旗仪式。

第三章

丝路航道：逐鹿大洋的角力

中国拥有 300 多万平方公里海洋国土，维护领土主权和海洋权益的使命光荣而神圣、任务繁重而艰巨。党的十八大以来，在以习近平同志为核心的党中央坚强领导下，中国在维护国家主权、安全、发展利益，维护国家海洋权益方面成就卓著。坚持陆海统筹，加快推进海洋强国建设，必须以维护国家主权、安全、发展利益为目标，坚定维护国家海洋权益，寻求与相关国家的利益汇合点，推动世界各国共享海洋。

南海海域辽阔，油气资源丰富，战略位置重要，扼守西太平洋与印度洋的咽喉要道，连接亚洲和大洋洲，自古以来就是东西方的交通要道，在中国21世纪"海上丝绸之路"的建设蓝图中占据重要地位。

早在2 000多年前，中国与东南亚、印度洋地区便建立了海上联系，这一通过南海实现互联互通的海上航道被称为"海上丝绸之路"南海航线。中国古代文献对这条航线的记载相当丰富。史料记载，早在汉武帝时期，南海航线就被开辟出来了。

汉武帝统一南越，设九郡直属中央管辖，素有"珠玑、犀、玳瑁、果、布之凑"的珠江三角洲通商都会番禺（今广州市），琼州海峡的徐闻，北部湾沿岸的合浦、日南，都成为南方沿海的主要港口，为中国发展南海航运业奠定了历史基础，并开辟了中国大陆经南海至印度半岛的"海上丝绸之路"，开始利用南海。①

南海目前依然是全球海上交通最繁忙的水域之一。据报道，全球1/2的商船、1/3的货运总量，以及中国40%以上的外贸货物、80%以上的石油进口均途经南海。

---

① 吴士存：《南沙争端的起源与发展》，北京：中国经济出版社，2010年，第15—16页。

"中远荷兰"号的中欧之行，航经南海、马六甲和亚丁湾。从安全上考虑，这一海上航线相对脆弱，掣肘较多，有关各方的博弈也比较激烈。毫不夸张地说，这是一条关乎中国未来的"海上生命线"，与中国的海洋运输业和发展外向型经济息息相关。

能闯大洋，方能守海疆。近年来，围绕海洋展开的国际竞争日益激烈。美国介入中国周边领土主权和海洋争端的力度不断加强，手法呈现多样化。奥巴马总统时期，美国提出重返亚太战略，强化与东亚一些国家的联盟关系，并派军舰频频出入南海，以维护所谓的"航行自由"为幌子，不断在中国周边海域从事军事活动。

2016年，在美国和日本的恶意挑唆下，菲律宾和越南等国乘机兴风作浪，试图浑水摸鱼，南海海域成为海洋地缘政治的一个重要角力场，风起云涌，暗流涌动。

2017年1月，特朗普总统上台以后，倡导"美国优先"，以维护美国在南海地区秩序中的权力地位为目标，滥用国际法，打着所谓维护"航行自由"的幌子，将中国视为美国最主要的"战略竞争对手"，指责中国将南海军事化，破坏地区稳定与秩序，抹黑中国为地区秩序的"破坏者"，并通过强化与同盟国和伙伴国的关系，不断干预南海局势。

在中国的海洋地缘政治格局中，南海有不可替代的重要地位，是中国的南大门，涉及领土和主权问题。针对菲律宾提起的所谓"南海仲裁案"，中国的态度非常鲜明，有理、有据、有节地让世界听到了中国响亮的声音：南海诸岛是中国的，不容他国侵犯。

中国与菲律宾一衣带水，是地缘相近、血缘相亲、文缘相通的友好邻邦。杜特尔特执政后，在中菲双方的共同努力下，中菲友好合作的大门被重新打开。

2018年11月，中国国家主席习近平对菲律宾进行了国事访问。2019年4月，习近平主席在北京会见菲律宾总统杜特尔特。杜特尔特表示，菲方愿妥善处理好海上问题，不使其影响两国关系的发展。

中国拥有300多万平方公里海洋国土，维护领土主权和海洋权益的使命光荣而神圣、任务繁重而艰巨。党的十八大以来，在以习近平同志为核心的党中央坚强领导下，中国在维护国家主权、安全、发展利益，维护国家海洋权益方面成就卓著。坚持陆海统筹，加快推进海洋强国建设，必须以维护国家主权、安全、发展利益为目标，坚定维护国家海洋权益，寻求与相关国家利益汇合点，推动世界各国共享海洋。

第一节　夜航南海：穿越中国"海上生命线"

中国古代的航海史，半部在南海。自古以来，南海就是东西方交流的主要通道。

南海航道是连接太平洋和印度洋的交通要冲，也是中国进入印度洋和太平洋的重要国际通道，具有极其重要的战略地位，尤其是连接南海航道的马六甲海峡。对中国而言，南海的重要性怎么强调都不为过。

即便在美国看来，南海航道也是必须要控制的全球 16 个咽喉航道之一，更是区内有关国家的"海上生命线"[①]，而这也是美国在南海一再强调所谓"航行自由"并横加干涉的重要原因之一。

南海海域看似风平浪静，实则暗流涌动。

"中远荷兰"号助理政委蔡团杰说："南海这片深蓝的海域，不仅关乎中国国家主权和航运安全，更关乎中国未来的经济发展。建设海洋强国，必须要守住中国南海这一门户，确保南海航道畅通，捍卫海洋利益，守护运输安全。"

遭遇无证捕鱼

2017 年 4 月 18 日下午 5 点 15 分左右，"中远荷兰"号缓缓从浙江宁波舟山港离港。碧波荡漾，浩瀚无垠。4 月 19 日 8 点左右，"中远荷兰"号进入台湾海峡，当天夜里将经南海航道，驶入中国南海海域。

4 月 19 日，暮色时分，吃过晚饭，我回到自己的房间，脱下布鞋，穿上专门为海员配备的防滑皮靴，跟助理政委蔡团杰一起走上甲板透透气。

站在"中远荷兰"号尾部甲板上，放眼望去，落日的余晖洒在海平面上，给深蓝的大海镀上了一层金黄，绚烂而又

---

① 吴士存、朱华友：《聚焦南海——地缘政治·资源·航道》，北京：中国经济出版社，2009 年。

有些许耀眼，可以让人从繁忙的工作中得到一些舒缓。

除船舶政委的分内职责外，蔡政委还负责 3 名随船记者的安全与协调报道和采访等事宜。甲板上情况复杂，设备较多，因此，当记者们到甲板上拍摄时，蔡政委一般会同行，叮嘱大家注意安全，并给大家介绍情况。

"接下来我们航行的南海航道，看起来风平浪静，实际上暗流涌动。"蔡政委说。在转业担任"中远荷兰"号助理政委前，蔡政委在部队服役多年，是一名团职干部，履历十分丰富，看问题颇具战略眼光。

蔡团杰，时任"中远荷兰"号助理政委，现任"伊斯坦布尔"号政委。

2019 年 5 月 15 日，"伊斯坦布尔"号航行在加勒比海域。厨师任小明突发疾病，疼痛难忍，站立困难。蔡政委与船长杨一军、大副兼船医刘文龙在悉心照料患者的同时，向上级主管部门报告。在中远海运集装箱运输有限公司（以下简称"中远海运集运"）北美分部等部门协调安排下，"伊斯坦布尔"号优先抵靠美国休斯敦港，以使患者尽快得到救治。

4 月 21 日晚上 7 点 22 分，南海海面夜色深沉。这已经是"中远荷兰"号在南海航行的第二个夜晚。二副朱斌和一水卢海洋第二次当班，值班时间为下午 4 点至晚上 8 点，时长 4 小时。

从驾驶台两侧的舷窗望出去，茫茫的南海洋面上，远处的灯光一闪一闪。此时，"中远荷兰"号距越南海岸线最短距离约 90 海里。

"这些亮光是什么？"我很好奇。当班的海员告诉我，不少越南渔船经常在这片海域出没，趁夜间捕捞鱿鱼。根据他们的夜航经验，远处这些依稀可见的亮光，是航行中的船舶发出的，亮度高的大多是渔船。

此时此刻，"中远荷兰"号航向东南，距下一站新加坡港还有大约 660 海里，预计于 4 月 23 日凌晨 5 点抵达新加坡港区。从中国浙江宁波舟山港出发，到新加坡港，航程 2 086 海里。

夜间航行，"中远荷兰"号主要依靠雷达、海图和驾驶员的夜视瞭望。"中远荷兰"号一共安装了三台雷达，其中驾驶台上的罗经甲板装有两台雷达，另一台雷达安装在船首。

南海海域广阔，"中远荷兰"号穿越南海海域时，通航密度并不高，打开两台雷达便能满足航行需求。基本上只有在进出港或航行条件比较复杂等情况下，才会加开船首的雷达，确保航行安全。

二副朱斌，30 岁，上海人，这已经是他第二次在"中远荷兰"号上工作。他告诉我，雷达依靠电子扫描产生的电磁回波，能够识别海面上的物体，而船上的海图则对海面以下水域情况有详细描述，两者互为补充。

雷达和海图结合使用，有助于驾驶员做出准确判断。驾驶台后面有一个区域是海图工作区，"中远荷兰"号每航行一小时，值班驾驶员都会在纸质海图上用铅笔标注即时船位和时间，记录航行轨迹，以备查询。

海图既有纸质海图，也有电子海图，主要功能是辅助船舶航行。因为在大海上航行，"中远荷兰"号无法及时拿到纸质航海通告，只能依靠卫星通信设备，接收信息，及时更新海图。

在纸质海图上，可以看到用红笔和铅笔标注的海图符号：用红笔标注的是"海图改正"，表示航行海域深浅变化、沉船标识增加或删减、灯浮灯标位置变化等，以提醒航行时注意；而用铅笔标注的是"临时通告"，例如，从某时到某刻，相关海域要进行施工、疏浚或炸暗礁等，提醒过往船舶注意。

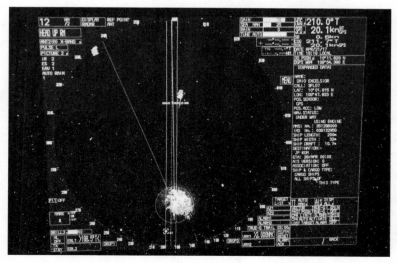

"中远荷兰"号的雷达图。

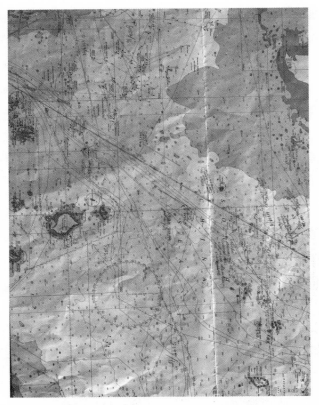

"中远荷兰"号的纸质海图。

　　相比纸质海图，电子海图的在线实时更新更加迅速。"中远荷兰"号政委郑明华告诉我，尽管电子海图精确度很高，但现在船舶依然会保留纸质海图，这样一来，在电子设备出现意外时，还可以查询纸质海图。

　　远洋货轮在大海中航行时，除了依靠助航设备外，驾驶员也发挥着重要作用。经过长时间的夜航，驾驶员练就了夜视瞭望的"特异功能"，扫描物标的敏锐性异于常人。

即便在常人看来舷窗外黑乎乎的一片，目光敏锐的船舶驾驶员也能及时准确发现航线上的碍航物。远处忽明忽暗的亮光动摇不定，这让驾驶员格外警惕。二副朱斌又确认了一遍雷达，无法获知这些船舶的基本信息，包括船舶坐标、长宽、船舶类型和航行状态等。

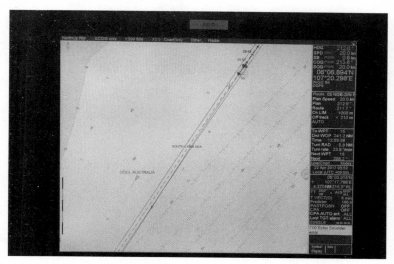

"中远荷兰"号的电子海图。

"中远荷兰"号大副李红兵告诉我，在通航密度较大的狭窄水道或复杂航区，如果不能及时获知这些船舶的信息，就无法判断对方船舶的航行状态，这会给远洋货轮的夜航运输带来碰撞风险。

目前，中国渔政部门已要求渔船安装自动信息识别系统，以便在航行时获知对方船舶的数据，减少海上的碰撞风险。但那些没有配备自动信息识别系统的渔船，无疑会给过往货轮带来安全隐患。

在公海从事渔业捕捞，原本无可厚非，但如果无视航行规则，就会给其他船舶带来风险。公海捕捞，折射出的是对现有海洋渔业资源的开发、利用和全球海洋治理问题。

中国南海研究院海洋经济研究所副所长陈平平在接受采访时说，由于南海岛礁主权和划界争端悬而未决，除中越北部湾渔业合作协议外，南海地区没有任何正在被执行的渔业合作协议。

海洋渔业资源是重要的海洋生物资源，是人类摄取动物蛋白质的重要来源之一。近年来，由于过度捕捞等，南海的渔业资源日渐枯竭。屡见不鲜的渔业纠纷和日渐衰竭的渔业资源，使南海的渔业合作迫在眉睫。

海洋渔业是海洋经济的传统产业之一，主要包括海洋捕捞和海水养殖。进入 21 世纪以来，沿海国家纷纷将经济发展的目光投向海洋，大力发展海洋经济成为世界主要海洋国家经济发展的战略选择。

近年来，近海渔业资源的开发趋于饱和，主要海洋国家逐渐将渔业发展的范围从近海延伸至远洋，从而导致全球海洋渔业资源的压力急剧增大，"资源养护"和"资源利用"的矛盾日渐突出。

在这样的背景下，各渔业国海洋渔业的发展规划也在不同程度上由"捕捞型"向"养护型"转变，以推进全球海洋渔业资源的可持续发展。

中国的海上生命线

南海航道占据重要的战略地位，关乎中国的国家安全、能源安全和经济安全。从地缘战略角度看，南海位于印度洋和太平洋之间，所有经过南海的海上和空中航线基本上都要经过南沙海域，尤其是南沙群岛，因此具有极为重要的战略意义。

不难发现，在中国的"一带一路"建设蓝图中，21世纪"海上丝绸之路"有两个重要方向：一是从中国沿海港口经过南海到印度洋，延伸至欧洲；二是从中国沿海港口经过南海到南太平洋。"一带一路"倡议的两个重要方向均涉南海，由此可见南海在中国未来发展中的重要性。

南海区域内物产和资源丰富。南海油气资源丰富，是中国未来潜在的能源供应地。据保守估计，南海的石油与天然气地质储量超过200亿吨油当量，被喻为"第二个波斯湾"。

随着经济增长，中国的能源需求不断攀升，能源安全问题也日益突出。几十年来的勘探结果显示，南沙海域有13个大中型沉积盆地，总面积达61.95万平方公里，其中在我国断续线内的含油气面积有41.7万平方公里。据测算，石油资源蕴藏量为235亿吨，天然气为10万亿立方米。[1] 此外，南海区域还有丰富的可燃冰储量。

在南海地区的海床下，蕴藏着锰、铜、镍、钴、锡以及

---

[1]　吴士存：《南海资源开发势在必行》，载2004年南海与中国的能源安全研讨会论文。

钻石等重要矿产。南沙海域是中国海洋渔产种类最多的渔区，有1 000多种鱼类，渔场面积达到20多万平方公里，是中国最大的热带渔场。

东盟有关国家为巩固本国在南海的既得利益，引入域外势力，开发南海资源，并使南海资源的开发利用呈国际化态势，在领土争端之外，加剧了南海问题的复杂性。在南海油气资源的开发问题上，中国坚持"主权属我、搁置争议、共同开发"的原则，采取了相对克制的态度，正因如此，中国在这一区域的油气开发进展相对缓慢。

最近30年来，越南、马来西亚、菲律宾、文莱、印度尼西亚等国纷纷加强了对南海的开发和利用，并不断从近海大陆架向深海推进。

西方知名石油公司提供的一份调查报告显示，上述5国与西方200多家石油公司合作，在南海海域合作钻探了约1 380口钻井，年石油产量达5 000万吨。这一数字相当于中国大庆油田最辉煌时期的年开采量。[1]

南海航道是中国重要的对外贸易要道。南海是亚太地区海运的咽喉要道，是世界上航运最繁忙的区域之一。日本、韩国、中国台湾地区从中东、非洲、印度尼西亚、马来西亚等国家和地区进口的原油，80%以上经由南海运输，从南非、越南等地进口的液化天然气和煤，绝大多数也要经过这条航线。

---

[1] 《南海周边5国发力争抢油气，中国或丧失6成资源》，载人民网—中国经济周刊，2012年5月30日。http://www.cnr.cn/gundong/201205/t20120530_509744852.shtml

"中远荷兰"号在南海海域航行途中，一艘集装箱远洋货轮从它的身旁驶过。

可以说，韩国 2/3 以上的能源供给、日本和中国台湾地区
60% 以上的能源供给都依赖南海这一"海上生命航线"。中国
有 80% 以上的进口原油经由南海运到国内，而作为南海大通
道上的咽喉要道，马六甲海峡的重要性更是不言而喻。

2013 年 9 月，中国的月平均进口原油量已超过美国，成
为进口原油最多的国家。除石油等关系国计民生的能源外，
中国的对外贸易也十分依赖南海航道的运输。南海航道，称
得上是中国经济发展的重要命脉。

正因如此，美国在南海兴风作浪，不断挑起事端，牵制
中国的发展与崛起。围绕南海的大国博弈也日趋明显，原本
为了互联互通、互利共赢的远洋货物贸易，现在也充斥着国
与国之间的政治角力。

第二节 强国的通道：角力南海

新加坡国立大学教授、东亚研究所所长郑永年曾经说过，只有当一个国家要成为海洋国家的时候，海洋地缘政治才会变得重要起来。

20世纪以来，中国的地缘政治出现了新变化，对国家安全的威胁已经从陆地转向海洋，对外贸易、海上运输、通道安全、海上资源开发、海洋争端化解等，都会对中国的未来产生重要影响。

在21世纪"海上丝绸之路"中欧航线上，"中远荷兰"号目前航经的南海海域，在美国等域外国家的干涉下，已经沦为海洋地缘政治博弈的角力场。南海是中国建设海洋强国的一个重要通道。美国、日本、印度以及一些东南亚国家，分饰不同角色，但目的只有一个：争夺在本地区的控制权和海洋利益。

海洋自古就是必争之地，也是一个国家走向世界巅峰的重要路径。纵观最近500年的世界强国发展之路，可以发现，谁主导海洋，谁就控制了国际贸易，从而主导世界。

中国加快建设海洋强国，需要提高国民海洋兴国的思想意识，了解中国目前面临的海洋地缘政治现实，要以维护国家主权、安全和发展利益为目标，妥善处理与周边国家的海洋（岛礁）分歧与矛盾，为中国实现由海洋大国向海洋强国的转变创造条件、奠定基础。

国力之盛衰强弱，常在海而不在陆

回顾世界历史，西班牙和葡萄牙的崛起源于大航海时代的来临，依靠的是开辟新航路、发现新大陆，全球性物资流通和掠夺性贸易。随后，"海上马车夫"荷兰和"日不落帝国"英国的兴起，则得益于海洋战略的实施和全球贸易的结果。

第二次世界大战以后，美国占据一超独霸的地位，迅速崛起，海洋兴国的思想也无不扮演着重要的角色。但在很长一段时间内，中国忽视了海权，错失了发展和崛起的机遇。

在目前多极化的世界政治格局中，中国不能再忽视海洋了，必须突破陆权强国的思想桎梏，依海富国，以海强国，用陆权和海权两条腿走路，建设海洋强国，实现中华民族的伟大复兴。

民国时期，海南岛被称为琼州。伟大的革命先行者孙中山先生就提出，琼州位于中国最南端，"为大西洋舰队所必经之路，南洋之门户"，并提出了一个著名的观点，"自世界大势变迁，国力之盛衰强弱，常在海而不在陆，其海上权力优胜者，其国力常占优胜"。

国力之盛衰强弱，常在海而不在陆。中国有超过 13 亿人口，资源相对短缺，要发展经济，必须进口大量资源，包括石油和天然气等。与此同时，中国又是世界的制造业中心，典型的出口导向型经济。对外部资源的高度依赖和以出口为导向的制造业，促成了中国的世界第一贸易大国的地位。

贸易产生附加值，海洋则是产生附加值的中介。近代以来，世界贸易越来越依赖海洋运输。在所有的对外贸易中，有超过90%是全部或部分通过海运完成的。"海上丝绸之路"航线在中国未来的发展中具有不可替代的地位。

"中远荷兰"号航行在南海海域。在靠泊新加坡港之前，海员们需要做好各项靠泊准备，其中包括清洗甲板。图为木匠沈红星在清洗船舶甲板。

近年来，世界各国逐渐认识到海洋的重要性，围绕海洋展开的国际竞争与博弈也日益激烈。这种博弈不仅体现在掌控重要和关键的国际航道，抢占对公海资源的开发权与利用权，争夺对海洋的控制权，还体现在海平面以下，包括给洋底绘图和抢夺水下地物的命名权等。

南海是中国通往世界的南大门。美国在南海的搅局，给南海周边国家关系的发展带来了变数，给中国与沿线国家共建 21 世纪"海上丝绸之路"、发展海洋经济、推进海洋强国建设带来了挑战。

强国通道：地缘现实与美国变量

改革开放以来，中国的综合实力和国际地位日益提升，但与此同时，中国也面临着严峻的海洋地缘政治环境。南海这片广阔的海域正沦为域外国家搅局亚太、进行海洋地缘博弈的一个角力场。

南海不仅关乎中国的主权问题，也是中国的"海上生命线"。新加坡国立大学教授郑永年在其著作《通往大国之路：中国与世界秩序的重塑》中认为，中国很难通过向东海挺进成为海洋国家，因为日本是绕不过去的坎儿，中国成为海洋国家的唯一希望在南海。一旦失去南海，中国的海洋地缘优势将不复存在，会不可避免地成为一个内陆国家。

印度洋位于中国西南，一直被印度视为自己的势力范围。印度是一个崛起中的大国，民族主义情绪高涨，国内强硬派一直视中国为竞争对手和潜在"敌人"。印度绝不会心甘情愿地允许把印度洋变成中国建设海洋强国的通道。

因此，在中国的海洋地缘政治格局中，南海占据了不可替代的重要地位，但包括动用军事力量大秀肌肉在内的美国力量的介入，给南海及周边地区的局势增添了无穷变量，也使中国的海洋地缘政治局势趋于恶化。如何应对美国的介入，妥善处理中美关系，成为中国南海地缘政治的核心议题之一。

早在 2010 年，时任美国国务卿希拉里就在越南宣布美国对南海问题的关切，并提出了南海问题和美国国家利益的相关性。随后，美国派航母访问越南等一系列针对中国南海问题的举动，不断挑动中国的神经。

奥巴马在任期间，强调美国在南海享有"航行自由"，推行重返亚太战略，并屡次派遣军舰到南海海域炫耀武力。美国的重返亚太战略涵盖了从东海到南海再到印度洋的广袤海域，也刺激了南海一些周边国家不断跳出来，狐假虎威，挑起事端，企图让南海问题国际化，其中，比较明显的是美国的盟友日本。

特朗普就任总统以后，面对美国国力的衰退，为确保其摇摇欲坠的霸主地位，采取了全面收缩战略，屡屡"退群""甩锅"，无视并不断放弃其作为大国应为国际社会承担的责任和义务，不断向中国施压。毋庸置疑，中美关系的不确定性，将加剧中国海洋地缘政治格局的复杂性。

从趋势上看，尽管面临阻力，但只要中国保持国内局势持续稳定，中国的崛起将势不可当，尤其是随着"一带一路"倡议的推进，共商、共建、共享原则在越来越多的国家引发了共鸣，并激起了这些国家参与"一带一路"建设的热情。

维护海洋权益，妥善处理周边分歧

16世纪以来，世界海洋秩序都是由西方强国主导的，在近500年的角逐中，16世纪的葡萄牙、17世纪的荷兰、18世纪至19世纪的英国、20世纪的美国相继脱颖而出，先后成为海上霸主，并主导世界海洋秩序。这种以追求财富、争夺海上霸权为主要内容的国际海洋秩序，有鲜明的强权政治特征。[①]

中国的海洋强国之路，需要借鉴其他海洋强国的成长经验，当然不是重复其他国家成为海洋国家的路径，更不会走国强必霸的老路，而是要在坚定维护国家海洋权益的基础上，寻求与相关国家的利益汇合点，推动各国共享海洋。

中国爱好和平，坚持走和平发展道路，但也绝不放弃正当权益，更不会牺牲国家的核心利益。任何国家不要指望中国会拿自身的核心利益做交易，不要指望中国会吞下损害自身主权、安全、发展利益的苦果。

南海争端涉及越南、马来西亚、菲律宾、文莱、印度尼西亚，以及域外大国美国、日本和印度等。在维护国家主权和安全问题上，中国长期以来坚守底线不退步，尤其是对南海诸岛的主权宣示，即"主权属我"不曾改变。

中国对南海诸岛拥有无可争辩的主权，这是有历史依据的。中国是最早发现、开发和经营南海诸岛的国家。汉武帝统一南越，设九郡直属中央管辖，为中国发展南海航运业奠定了历史基础，并开辟了中国大陆经南海至印度半岛的"海上丝绸之路"，逐渐开始利用南海。

目前，针对在南海岛礁问题上存在的争议和分歧，中国倡导"搁置争议"，秉持"双轨并行"思路，即由直接当事国通过和平方式协商解决，南海地区的和平稳定由中国和东盟国家携手共同维护。

---

① 胡波：《2049 年的中国海上权力：海洋强国崛起之路》，北京：中国发展出版社，2015 年，第 26 页。

在不放弃主权又尊重现实的情况下，中国坚持走和平、发展、合作的道路，提出"主权属我、搁置争议、共同开发"的解决原则，在开发和利用海洋的过程中主张并推动构建和谐海洋。建设海洋强国，要在构建和谐海洋的环境中实现，要妥善处理与海上邻国的分歧和矛盾，实现与周边国家的睦邻友好合作。

当前，最重要的是以斗争求和平，在竞争中谋合作，将美国这一域外最大的变量变得可控。同时，要在"主权属我、搁置争议、共同开发"的原则之下，提高自身的海洋科技水平，大力发展海洋经济，加大对相关海域的开发力度，在与周边国家推进互利友好合作的同时，寻求和扩大共同利益的汇合点，争取主导权和主动权。

第三节　中国－东盟：共奏跨海和声的智慧

从中国到新加坡，"中远荷兰"号日夜兼程。

4 月 23 日 8 点 30 分左右，"中远荷兰"号缓缓驶入新加坡港码头。从 4 月 18 日离开宁波舟山港算起，"中远荷兰"号在大洋中已经航行 4 天 5 夜，行程共计 2 086 海里。

新加坡是东盟成员国。东南亚是 21 世纪"海上丝绸之路"沿线的重要地区之一。21 世纪"海上丝绸之路"不仅是中国与东盟互联互通的载体，也是中国与东盟关系发展的重要媒介，对打造中国－东盟命运共同体具有重要意义。

2017 年 4 月 23 日上午，在拖轮的帮助下，"中远荷兰"号缓缓靠泊新加坡港码头。

　　1991 年，中国与东盟创立了领导人对话合作机制，揭开了中国与东盟合作的序幕。2003 年，中国与东盟建立战略伙伴关系，致力于和平与共同繁荣，而此后的 10 年被称为中国 – 东盟的"黄金十年"。

　　2013 年 10 月 3 日，在印度尼西亚国会会议大厅，中国国家主席习近平发表题为"携手建设中国 – 东盟命运共同体"的重要演讲，全面阐述中国对印度尼西亚和东盟睦邻友好政策，提出建设更为紧密的中国 – 东盟命运共同体，为双方共同建设 21 世纪"海上丝绸之路"指明了方向。

　　这一年，恰逢中国与东盟建立战略伙伴关系第 10 年的重要节点。在贸易保护主义和逆全球化抬头的背景下，中国提出"一带一路"倡议，尤其是 21 世纪"海上丝绸之路"，就是要与东盟国家进一步深化合作，打造更加紧密的命运共同体。

在共建 21 世纪"海上丝绸之路"的过程中，中国与东盟地缘相近、人文相亲、深度交融。寻求与东南亚相关国家的利益汇合点，维护好中国与东盟国家的关系，共同建设 21 世纪"海上丝绸之路"，共奏跨海和声，既有助于夯实中国 – 东盟命运共同体，也是中国加快推进建设海洋强国的重要内容之一。

但不能忽视的是，东盟是一个松散型的国际组织，决策能力等受到很大限制。中国与东盟十国在意识形态、宗教信仰和民族文化等方面存在较大差异，与东盟一些国家存在领土争端，如何在这种差异和争端中更好地寻求合作，考验着中国的外交智慧。

互联互通，助推贸易显著增长

互联互通是中国与东盟共建 21 世纪"海上丝绸之路"的重要内容之一，也是构建中国 – 东盟命运共同体的重要途径。进入 21 世纪后，中国与东盟的经济往来逐渐密切，双边贸易额显著增长。

中国与东盟双边贸易额在 1991 年是 79.6 亿美元，到 2015 年已达到 4 721.6 亿美元，年均增长 18.5%。2017 年，中国与东盟双边贸易额达 5 148.2 亿美元，是 2003 年的 6.6 倍。此外，2017 年中国与东盟累计双向投资总额已超过 2 000 亿美元。①

---

① 吴睿婕：《商务部：2017 年中国和东盟贸易额超 5000 亿美元 累计双向投资额超 2000 亿美元》，载《21 世纪经济报道》，2018 年 7 月 17 日。https://m.21jingji.com/article/20180717/herald/41f6f29d9e3a8d5462c8453f625b06f5.html

2017 年 4 月 18 日下午 5 点 15 分许，宁波舟山港。弥漫前方航道几个小时的大雾终于消退，"中远荷兰"号获准离港。"带拖轮，解缆绳，掉头"，"中远荷兰"号在两艘拖轮的协助下，完成离港"三部曲"，从港口缓缓驶出。

在新加坡港靠泊装卸货后，"中远荷兰"号于 2017 年 4 月 23 日夜起锚驶离新加坡港。图为水手长何永兵正在进行解缆作业，以便拖轮将船舶移离泊位。

带拖轮，指的是用粗大的缆绳将拖轮与船舶连接，以便拖轮将处于无动力状态的船舶移离泊位；解缆绳，是为船舶"松绑"，将固定船舶的前后缆绳从码头的缆桩上解开；掉头，是指船舶在拖轮协助下完成转向，驶离港口。

4 月 19 日 8 点左右，"中远荷兰"号驶入台湾海峡。19 日夜，"中远荷兰"号驶入南海。南海海域广阔，是中国的南大门，南海航道也是 21 世纪"海上丝绸之路"的一条主航道。

进入南海海域后，"中远荷兰"号日夜兼程，航行 1 400

多海里，驶入新加坡海峡。至此，新加坡港遥遥在望。新加坡副总理张志贤在 2017 年 2 月访问中国时表示，新加坡愿积极参与"一带一路"建设，着重从基础设施、金融等领域入手，进一步充实、深化和推动双边关系向前发展。

2018 年，中国与东盟建立战略伙伴关系 15 周年。15 年来，中国与东盟的经贸合作发展迅速，成果丰硕。2018 年 1 月至 5 月，中国与东盟双边贸易额同比增长 18.9%，达到 2 326.4 亿美元。

时任中国商务部副部长高燕说，从双边贸易来看，中国与东盟贸易额占中国对外贸易总额的比重进一步上升到 1/8。中国已连续 9 年成为东盟第一大贸易伙伴，东盟连续 7 年成为中国第三大贸易伙伴。

"中远荷兰"号此次中欧远洋之行，在国内经停天津、大连、青岛、上海和宁波，在国外经停新加坡，穿过印度洋、苏伊士运河后，将先后抵达希腊比雷埃夫斯、荷兰鹿特丹、德国汉堡和比利时安特卫普，然后再穿过苏伊士运河，返回中国上海，最终回到始发港天津，总航程 2.3 万余海里。

合作共赢，难得的发展机遇

新加坡港是东南亚地区最大的港口，全球主要枢纽港之一。

"中远荷兰"号大副李红兵说，在新加坡港，"中远荷兰"号将卸载 882 标准箱，装载 1 391 标准箱，共搭载 11 763 标准箱前往欧洲。据了解，从新加坡装船的货物包括出口至西北欧国家的家具、服装、电子配件类和化工类等产品。

2017 年 4 月 23 日，长荣海运旗下集装箱船正在新加坡港码头装卸货物。

从宁波到新加坡，"中远荷兰"号所经过的货运航线，是中国与东盟互联互通的载体。而 21 世纪"海上丝绸之路"，更为中国与东南亚国家提供了对接发展、合作共赢的机遇。

新加坡海事及港务管理局官网发布的数据显示，尽管全球贸易不景气，集装箱货运需求疲软，但截至 2016 年年底，其下辖码头共中转集装箱 6 763 万标准箱，比上年同期增长 5.5%。

2017 年 4 月，随着海洋联盟正式开始运营，中远海运集装箱船队的业务整合效应日益显现，中远海运集运的操作量与中远–新港码头有限公司的操作量双双创历史新高。2017 年，中远海运集运在新加坡的操作量达到 191 万标准箱，同比增长 61.6%，中远–新港码头有限公司完成操作量 204 万标准箱，同比增长 72.6%。

中远海运与新加坡港务集团的合资公司——中远－新港码头有限公司副总经理陈良蕙说，新加坡港务集团与中远海运建立了良好的合作关系。新加坡港务集团非常高兴中远海运选择新加坡作为东南亚主要的枢纽港，并投资新加坡巴西班让港区新泊位。

一次次起锚，一次次靠泊，"中远荷兰"号在海员们的收缆和解缆中穿梭于国内和国外的港口之间。图为在新加坡港完成解缆带拖轮作业后，海员们合影留念。前排，从左至右为"中远荷兰"水手长何永兵、二副杨万里。后排，从左至右为助理政委蔡团杰、政委郑明华、二副朱斌。

中远－新港码头有限公司是中远海运港口有限公司的第一个海外码头公司。中远海运港口有限公司占股49%，新加坡港务集团占股51%。中远－新港码头有限公司成立后，分阶段经营新加坡巴西班让集装箱码头内2个泊位，泊位岸线总长700米，年总吞吐量超过130万标准箱。

陈良蕙表示，"一带一路"倡议的实施为新加坡港务集团和新加坡海事发展带来了诸多益处，"能为'一带一路'建设做出贡献，我们感到很荣幸"。

2018 年，中远海运投资运营的新加坡巴西班让码头的新泊位全面启用。截至 2019 年 3 月，中远海运在全球投资经营的码头共有 56 个，在"一带一路"沿线投资额达到 558 亿元，在"一带一路"沿线投资码头 18 个，包括比利时、荷兰、希腊、阿联酋、西班牙、新加坡、土耳其等国家。

中国与东盟共建 21 世纪"海上丝绸之路"，有助于深化中国与东盟成员国之间的货物、投资和服务等领域的合作，提升经贸合作水平，促进双方的生产发展和技术进步，扩大互利，实现共赢，共同建设中国－东盟命运共同体。

2013 年 10 月，中国国家主席习近平在印度尼西亚提出，要建设更为紧密的中国－东盟命运共同体，为双方共同建设 21 世纪"海上丝绸之路"指明了方向。展望未来，中国与东盟共建 21 世纪"海上丝绸之路"，将进一步助推双方关系发展走深走实，也将对促进整个亚太地区的区域合作，乃至对全世界的和平与稳定发挥重要作用。

命运与共，共奏和声的智慧

在中国与东盟的关系发展中，涉及南海的争端频发，包括美国等国在内的域外干涉，为中国发展同东盟关系、建设 21 世纪"海上丝绸之路"增加了不确定性。对于与部分东盟国家之间在领土主权和海洋权利方面的争议，中方一贯主张"主权属我、搁置争议、共同开发"。

近年来，在美国等国的支持下，部分东盟国家通过非法侵占岛屿的方式，占有并掠夺相关岛屿和海域的资源，给中国和东盟的合作带来了挑战，也严重影响了地区的和平与稳定。

但应该看到，在中国和南海周边国家的共同努力下，南海局势稳中向好。"南海行为准则"的磋商进程不断加快。事实也证明，直接当事国通过谈判解决分歧与争议、中国和东盟国家共同维护地区稳定这一"双轨并行"思路是解决南海问题的正道。

随着"一带一路"建设的推进，面临经济复苏、加快发展等严峻局势的东盟各国，应该不愿意因为南海问题而错失"一带一路"发展的快车。因此，总体而言，一些东盟国家在中美之间搞平衡，在经济上希望搭上中国发展的快车，在安全事务上则希望借助美国等域外大国的干预，态度较为暧昧。

基于这一现实和前提，对中国而言，推进共建 21 世纪"海上丝绸之路"，建设中国 – 东盟命运共同体，既要坚持构建人类命运共同体这一人间大道，也要运筹帷幄，讲究外交智慧和策略，与东盟国家一道，共奏 21 世纪"海上丝绸之路"的跨海和声。

专家建议，首先，要加强中国与东盟国家的政策沟通，增进对彼此的了解，消除安全上的疑虑和领土争端分歧。尤其是，在中国经济和军事实力不断提升的今天，要让东盟国家了解"一带一路"倡议秉持的是共商、共建、共享原则，通过项目落地所带来的实实在在的好处，增强东盟国家共建 21 世纪"海上丝绸之路"的内生动力和向心力。

其次，鉴于东盟是一个内部结构较为松散的联盟，中国与东盟达成一致意见的难度较大。在这样的现实背景下，中国与东盟之间加强次区域的合作就显得尤为重要。

以大湄公河次区域为例，澜湄地区是"一带"和"一路"的交汇点，因而澜湄合作与"一带一路"倡议高度契合。为此，专家认为，中国应借澜湄合作之势，不断加强与柬埔寨、老挝、缅甸、泰国和越南的产能合作，争取早日实现互联互通，使其成为次区域合作的典范之一，在促进大湄公河地区共同繁荣的同时，提高中国在该地区的影响力。①

再次，要通过扩大中国与东盟的人文交流，增强彼此的政治互信，夯实民意基础，助力经济和社会的合作发展，通过共建 21 世纪"海上丝绸之路"，打造中国－东盟命运共同体。

尽管中国与东盟国家在意识形态方面存在差异，但共同发展的追求和意愿是相通的。政治、经济和文化相互融合又彼此影响，可以通过扩大民间交流、人文往来等，增强政治互信，扩大经济合作。比如在柬埔寨，包括中国文物保护工作者在内的中国－柬埔寨政府吴哥古迹保护工作队，历时近 10 年，从散落的上万块石块中，"拼回"吴哥的千年古寺——茶胶寺。

这种人文层面的交流、文化传播和文明互鉴，将让东盟国家认识到中国愿意借助"一带一路"，与沿线国家共商、共建并共享发展的成果，为 21 世纪"海上丝绸之路"的建设注入源源不断的动力。

---

① 邓启明、刘亚楠、周曼青：《"一带一路"背景下加强中国－东盟合作之研究》，载《第五届环东海与边疆论坛——新时期新格局下的中国边疆与周边区域合作学术研讨会论文集》，浙江金华：2017 年，第 62—66 页。

第四节　从"马六甲困境"到"冰上丝绸之路"

2017 年 4 月 24 日，"中远荷兰"号从新加坡港出发，沿马六甲海峡西行。马六甲海峡全长约 1 080 公里，西北部最宽的海域达 370 公里，东南部最窄处只有 37 公里，是沟通印度洋和太平洋的重要水道，地理位置十分险要，控制着全球大约 1/4 的海运贸易。

据统计，全球每年近一半油轮都会经过马六甲海峡。穿越马六甲海峡，"中远荷兰"号将由此驶入印度洋的广阔海域。一场夜雨过后，上午 7 点 39 分，天空出现了彩虹。

由于地理位置很重要，马六甲海峡一直是国际势力争夺的目标。目前，马六甲海峡为新加坡、马来西亚和印度尼西亚三国共管。但美国、日本，甚至印度，一直觊觎这一重要的海上通道。

当前，中国的经济发展严重依赖能源进口。统计数据显示，中国近 80% 的能源和资源运输船经过马六甲海峡。中国的进口原油主要来自中东地区和非洲的苏丹、安哥拉等国，马六甲海峡是必经之地。在每天经过马六甲海峡的世界各国船只中，中国船只占 60% 以上。

马六甲海峡是世界上最繁忙的海域之一。马六甲海峡一旦被控制，中国的能源运输安全恐将遭受威胁，这种状况被称为"马六甲困境"。如何破解"马六甲困境"？"冰上丝绸之路"提供了另一种选择。

近年来，全球气候变暖，北极冰雪融化加速，夏季无冰期延长，超过 30 天。得益于船舶制造技术的进步，大型破冰船能够对抗北冰洋的浮冰，从而使北极东北航道的商业通航成为可能。

2017 年 4 月 24 日，"中远荷兰"号航行在马六甲海峡。图为站在"中远荷兰"号两翼甲板上拍摄的一艘集装箱货轮。

2013 年夏天，中远海运旗下的"永盛"号，以 14 名配员，成功穿越北极东北航道，成为中国首艘经北极航道抵达欧洲的商船。"永盛"号是一艘总载重量 19 461 吨的多用途船舶。

目前，包括中国的商船在内，累计已有数百艘国际商船成功穿越北极圈，开辟了亚洲与欧洲、美洲与亚洲连通的另一通道——"冰上丝绸之路"。"冰上丝绸之路"的开辟，至少为中国提供了一个破解"马六甲困境"的可选项。

清华大学国情研究院院长胡鞍钢等学者在其文章中说，2.0 版的"一带一路"，应当是"一带一路一道"，其中的"一道"，就是指北极航道。

文章指出，北极能源资源丰富，北极航道的建设能增强中国在北极开发方面的话语权和影响力，有助于布局国家未来的能源版图。另外，北极航道可有效减少马六甲海峡和苏伊士运河的拥堵，缓解中国海运，尤其是海上能源运输的"马六甲困境"。

"永盛"号：开辟北极东北航线

2017 年 5 月，在北京参加"一带一路"国际合作高峰论坛期间，俄罗斯总统普京提出，希望中国能利用北极航道，把北极航道与"一带一路"连接起来。同年 11 月，国家主席习近平与到访的俄罗斯总理梅德韦杰夫正式公布了中俄合作开展"冰上丝绸之路"建设的构想。

中远海运是北极航道的开拓者之一。当地时间 2013 年 9 月 10 日下午 3 点左右，中远海运"永盛"号缓缓靠泊荷兰鹿特丹港，成为第一艘经过北极东北航道完成亚欧之旅的中国商船，拉开了中国商船极地航行的序幕。

从中国江苏太仓港出发，"永盛"号于 2013 年 8 月 27 日通过白令海峡，9 月 2 日穿过重冰区，9 月 5 日抵达挪威北角附近，最后抵达荷兰鹿特丹港……历时 27 天，航行 7 931 海里，比经过马六甲海峡、苏伊士运河的传统中欧航线少了

2 800 多海里，航行时间缩短了 9 天。"中远荷兰"号此次远洋之行，走的就是传统中欧航线。

"永盛"号船长张玉田在接受媒体采访时说："在冰区航行最大的困难是流冰的不确定性，它会漂移，有时候只能随机应变。"2013 年 9 月 1 日，"永盛"号在维利基茨基海峡遭遇大面积冰区，冰区绵延上百海里，冰密度达 90% 以上，"永盛"号与破冰船距离约 4 节（1 节合每小时 1.852 公里）。[①]

张玉田，河北固安人，现年 54 岁，是中国首位驾驶商船开拓北极东北航道的船长。1984 年，张玉田进入当时的大连海运学校学习，1987 年毕业后进入远洋运输行业，从一名实习生做起，业务不断精进，一步一步做到了船长，20 年如一日，不断钻研和探索航海技艺。

维利基茨基海峡东连拉普捷夫海，西连喀拉海，是北极东北航道上最短且最著名的一段航道，为纪念 1914 年发现此海峡的俄国水文地理考察队长维利基茨基而得名。维利基茨基海峡长约 111 公里，最小宽度为 54 公里，水深 40～230 米。全年被浮冰覆盖，夏季多浓雾，是北极东北航道上最艰险的区段之一。

"第一次在冰区航行，虽然有破冰船引领开路，有两名俄方引航员在船配合，但在东西伯利亚海初次遇到流冰时，我们还是谨慎操作，避免船体与流冰擦碰。当在维利基茨基海峡遇到重度冰，与冰碰撞不可避免时，我们会及时调整航速，

---

① 《张玉田船长：冰上丝绸之路开拓者——媒体关注 2018 年水运行业最值得记住的面孔》，载中海国际客户端，2019 年 1 月 9 日。http://www.sohu.com/a/287803292_707305

减少与冰的碰撞力。"张玉田说。

破冰船驶过后，商船必须尾随破冰船迅速通过，以防冰块合拢，否则就有被困的危险。张玉田说，要依据专业判断和操船技艺发出准确指令，还要指挥船舶"精确"尾随频繁调整航向的破冰船，确保船舶始终航行在约30米宽的航道之内。就这样连续工作13小时后，"永盛"号终于在9月2日安全驶出重冰区。

当地时间2013年9月2日，"永盛"号遭遇最严重冰情。

2015年10月，"永盛"号再次驶向北极，首次尝试在无引航员、无破冰船协助的情况下，全程独立航行，实现了"再航北极、双向通行"，即成功执行了北极东北航道来回运营的两个航次，创造了中国商船首次经过北极东北航道从欧洲到中国的纪录。"再航北极、双向通行"项目，开辟了中国往返欧洲的新航线，提高了北极航行的商业价值。

2016 年 7 月，"永盛"号第三次通过北极东北航道，15 名海员抱着比以往更大的宏愿，再次踏上千里冰封而又潜力无限的海域，执行"永盛 +"北极常态化探索航行任务。此次北极常态化探索航行的尝试，航期提前了一星期，冰情比往年更为严峻，挑战更大。

"此次执行'永盛 +'北极常态化探索航行任务，我们根据以往同时期通航冰区所积累的经验，判断在本窗口期，经北极向西行进中，从维利基茨基海峡往岸边走，浮冰会比较少。事实证明，我们的判断是正确的。"张玉田说。

张玉田说，东北航道对商船的要求很高，船舶的钢板要能承受 50 厘米厚的浮冰撞击，船的密封材料要能承受极寒，润滑油、燃油在低温下要能使用，确保商船动力强劲。对货物的保存与走一般航线的商船也有所区别，货舱不仅要水密，还要气密和主动通风，要不然出了寒带再遇上热气，货物就会结露水。

2013—2017 年，中远海运向北极东北航道派出 10 艘船舶，执行了 14 个航次的任务。2018 年，中远海运先后组织了 22 艘次船舶执行北极东北航道任务。

北极东北航道可大大缩短中国与西欧、北欧等国家的海运距离，具有广阔的发展空间。1997 年，一艘芬兰船首次试水北极东北航道。此后，穿越这一航道的商船逐渐增多，北极东北航道作为连接亚欧交通新干线的雏形已经形成。

航运专家认为，如果北极航线最终实现了常态化运营，对于中国制造和中国装备走出去、扩大欧洲市场份额，参与开发北极地区丰富的自然资源，都将发挥积极带动作用，同时也将丰富"一带一路"的内涵。

冰区航行的挑战与北极资源开发

北极航道通常而言有 3 条，即东北航道、西北航道和中央航道，后两条航道冰情复杂，气候多变，穿越难度极大，不太适合商业运营。

北极东北航道被俄罗斯称作"北方海航道"，大部分航段位于俄罗斯北部，从北欧出发，向东穿过巴伦支海、喀拉海、拉普捷夫海、新西伯利亚海和楚科奇海，抵达白令海峡。

西北航道大部分航段位于加拿大北部海域，以白令海峡为起点，沿美国阿拉斯加海域向东，穿过加拿大北极群岛，直到戴维斯海峡。如果走"冰上丝绸之路"，从中国到西欧，要通过北极东北航道。

北极东北航道已经具备一定的商业化通航基础，中欧之间巨大的集装箱运量为在此航道开通集装箱班轮运输奠定了市场基础。但是，北极地区特殊的气候条件和海洋环境因素，以及缺乏可靠的航行安全保障等，让北极东北航道成为航运界的畏途。

在当前条件下，北极东北航道的最佳通行时间为 7 月中旬至 10 月中旬，9 月通常是最佳的安全航行时间。海冰是威胁货轮航行的最大隐患，也是这条航线与其他传统航线最大的不同之处。

由于每年海冰的融化情况不同，且浮冰具有较大的不确定性，会随风和洋流出现较大变化，这就使得远洋货轮穿越北极东北航道存在巨大的不确定性。此外，天气恶劣多变，海雾、大风大浪和雨雪天气，也是北极东北航道通航时段有限的重要原因。

2018 年 8 月 5 日，中远海运"天佑"号满载风电设备和钢材等货物，在破冰船引领下通过北极冰区。

7 月 18 日，"天佑"号从江苏盐城大丰港首航，踏上西行经北极东北航道前往欧洲的旅程，7 月 29 日通过白令海峡正式进入北极东北航道，8 月 13 日顺利通过挪威北角，整个航程历时 15 天。

2017 年 9 月，新华社高级记者刘诗平曾跟随中远海运旗下的"天健"号，穿越"冰上丝绸之路"。他在随船报道的文章中写道：北极天气以雨雪和雾天为主，"变化多端"是记者在航行中的深刻感受。

一会儿雾，一会儿雨，一会儿雪，一会儿是艳阳天，有时几分钟之内便完成这几种天气的转换。"太阳雨""太阳雪""太阳雾"，是在北极东北航道航行时最容易遇到的天气现象。"多变的天气，给海员们增加了不少压力。低温、大风、雨雪，海员们夏天在甲板上干活也得穿着棉衣棉鞋。"

对北极航道的开发和利用，只是打造"冰上丝绸之路"的内容之一。中国国家主席习近平曾指出，要共同开展北极航道开发和利用合作，打造"冰上丝绸之路"。

专家认为，要借打造"冰上丝绸之路"的重要机遇，带动沿线区域经济的发展，发掘区域内的市场潜力，实现中国与俄罗斯区域发展战略的对接，其中也包括在北极地区的能源开发与合作。

常态化运营的商业探索与挑战

2018 年 1 月，中国发布《中国的北极政策》白皮书。白皮书指出，中国愿依托北极航道的开发利用，与各方共建"冰上丝绸之路"。中国鼓励企业参与北极航道的基础设施建设，依法开展商业试航，稳步推进北极航道的商业化利用和常态化运行。

"永盛"号是开拓极地航线的旗舰，被中国航海学会授予"极地航运先锋"称号，也为今后极地航线的常态化运营和探索积累了丰富的实践经验。以北极航道为核心，"冰上丝绸之路"正在成为欧亚大陆互联互通的新亮点。

北极航道是连接中国与欧盟国家的最短航线，相比传统航线，可缩短大约 1/3 航程，因此，探索北极东北航道具有重要意义。不过，业内人士认为，不可否认，从客观上讲，北极航运的商业化运行仍处于探索阶段，这主要是因为受气候和技术条件的双重限制。

"永盛"号通过北极航道。

一方面，北极冰层并没有融化到足够常态化开航，通航时段于全年而言还只是一个非常短的窗口期。总部位于美国华盛顿的北极研究院的统计数据显示：1979 年，巴伦支海、卡拉海、拉普捷夫海、东西伯利亚海和楚科奇海的无冰日分别为 194 天、41 天、22 天、7 天和 52 天，而到 2006 年，它们的无冰日已分别增长至 251 天、77 天、51 天、46 天和 109 天，到 2007 年时又继续延长至 294 天、110 天、75 天、103 天和 153 天。通过数据可以看出，近几十年来，全球气候变暖对北极海域的冰期产生了不小影响。①

另一方面，具体到技术层面，目前北极航道商业运营的

---

① 翟少辉、周智宇：《气候和技术：北极航道机遇背后的挑战》，载《21 世纪经济报道》，2018 年 3 月 10 日。http://www.sohu.com/a/225250364_115124

常态化还面临着多重挑战，其中之一就是海图的欠缺。海图是常态化商业航线的必备条件之一，但北极航道的海图还远不够完备。在专注交通运输与物流行业的罗兰贝格全球合伙人于占福看来，目前，北极海域仅完成了9%的海图绘制。[①]

北极地区蕴含丰富的石油、天然气、矿产、可燃冰和地热等资源。根据美国地质调查局估计，北极圈内蕴藏着高达30%的天然气资源和13%的石油储量，却是目前世界上尚未开发的地区之一，具有巨大的潜在经济价值和地缘政治价值。

《中国的北极政策》白皮书指出，中国尊重北极国家根据国际法对其管辖范围内油气和矿产资源享有的主权，尊重北极地区居民的利益和关切，要求企业遵守相关国家的法律并开展资源开发风险评估，支持企业通过各种合作形式，在保护北极生态环境的前提下参与北极油气和矿产资源开发。

专家认为，北极航道的开拓运营，有助于北极资源的开发，尤其是中国与俄罗斯的合作，北极圈或将形成一个新的经济圈。不断加强与俄罗斯的合作，积极参与北极资源的开发，对中国的能源安全具有重要战略意义，也是中俄共建"一带一路"的重要内容。

亚马尔：能源合作的重大项目

全球气候变暖带来的生态和环境问题，尤其是海洋生物

---

① 翟少辉、周智宇：《气候和技术：北极航道机遇背后的挑战》，载《21世纪经济报道》，2018年3月10日。http://www.sohu.com/a/225250364_115124

多样性遭受威胁和海洋污染等问题，需要人类社会共同努力应对。气候变暖让北极航道的无冰期延长，这将有利于北极航道的拓展和北极资源的开发，也为"冰上丝绸之路"的发展带来了新机遇。

历史睡了，时间醒着。世界睡了，但中国的企业还醒着。2018年7月19日，中远海运旗下的"弗拉基米尔·鲁萨诺夫"号，承载着北极圈冰层下沉睡了亿万年的清洁能源，穿越北极东北航道，抵达中国江苏如东液化天然气接收站，首次将北极地区亚马尔项目出产的液化天然气交付给中石油。这标志着中俄共建"冰上丝绸之路"取得新进展，也开启了亚马尔项目向中国供应液化天然气的新篇章。

"弗拉基米尔·鲁萨诺夫"号是中远海运旗下14艘17.2万方Arc7级液化天然气船之一。亚马尔项目也是全球最大的北极液化天然气项目，集天然气和凝析油开采，天然气处理，液化天然气制造和销售、海运为一体，是一个大型的投资开发项目。

亚马尔项目由俄罗斯诺瓦泰克公司、中石油、法国道达尔公司和中国丝路基金合作开发，投资总额约270亿美元。中石油、中国丝路基金、俄罗斯诺瓦泰克公司、法国道达尔公司分别持有该项目20%、9.9%、50.1%、20%的股份。

优势互补，互利共赢。中国与俄罗斯正开展合作，共建"冰上丝绸之路"。除共同开发和利用北极航道外，中国也在加强与俄罗斯方面大型国际项目的合作。亚马尔项目便是中国提出"一带一路"倡议后在俄罗斯实施的首个特大型能源合作项目。

俄罗斯亚马尔半岛深入北极圈，拥有全世界最丰富的天然气储备，被称为"镶嵌在北极圈上的一颗能源明珠"。但由于位于北极圈以内、濒临北冰洋的极寒地带等地理和气候原因，亚马尔成为最难开采的气田之一。

中俄共建"冰上丝绸之路"，让开采亚马尔冰封的能源成为可能。包括中石油和中远海运在内的中资企业，成为建设和运营这一高难度项目的重要力量。随着北极航线的重要性被国际社会普遍认同，全球航运格局、能源格局有可能被改写。

中俄对接发展战略前景可期

亚马尔项目为中俄探索共建"冰上丝绸之路"、合作开发北极资源提供了经验和范例，将对中俄未来相关领域的合作产生积极影响。中俄对接发展战略，共建"冰上丝绸之路"，潜力巨大，前景可期。

长期以来，俄罗斯对北极的开放存在戒心，对中俄在北极航道等涉及主权利益的合作也有保守心态。2015 年，俄罗斯公布了新制定的国家战略，即《2015—2030 年俄罗斯北方海航道的综合发展规划》，对中国的态度发生了重大转变，将中国视为北极航道建设的主要合作国家。①

2018 年 12 月 11 日，位于北极圈内的亚马尔液化天然气项目第三条生产线正式投产，比计划提前了一年。根据协议，在亚马尔项目第二条、第三条生产线投产后，从 2019 年起，

① 朱显平、张毅夫：《探索打造军民融合特色智库新路，开展"冰上丝绸之路"中俄合作研究》，载王飞、高艳等编：《中国海洋发展研究文集（2018）》，北京：海洋出版社，2018 年，第 5 页。

中石油每年将进口来自亚马尔项目的 300 万吨液化天然气。

早在一年前的 2017 年 12 月 9 日，中俄能源合作重大项目——亚马尔液化天然气项目第一条液化天然气生产线已正式投产。当天，亚马尔首艘货船出运，共搭载 17 万立方米液化天然气。

17 万立方米液化天然气是什么概念呢？大概相当于中国 2.3 亿人口一天的天然气使用量。这艘 Arc7 破冰级液化天然气船被俄罗斯总统普京命名为"克里斯托夫·德·马哲睿"号（以下简称"马哲睿"号），这背后有一个感人肺腑的故事。

普京总统将全球第一艘液化天然气运输船命名为"马哲睿"号，是为了纪念法国油气巨头道达尔集团已故首席执行官马哲睿先生。道达尔集团是亚马尔项目的参与方。"马哲睿"号的船头图案就是马哲睿先生独特的胡须状标志。

当地时间 2017 年 3 月 30 日下午 3 点，在俄罗斯亚马尔半岛萨别塔港口，亚马尔项目首艘北极 Arc7 破冰级液化天然气运输船"马哲睿"号进入萨别塔港口仪式正式举行。[①]

"马哲睿"号长 299 米、宽 50 米，能够运输 17.36 万立方米液化天然气，可供整个韩国使用两天，造价约 3.2 亿美元，是全球首艘北极专用 Arc7 破冰级液化天然气运输船。Arc7，意味着这艘船能在冰厚达 2.1 米的冰区以每小时 5 节的速度航行，船首和船尾均覆盖了 70 毫米厚的钢板，可承受零下 52 摄氏度的极寒。

---

① 《亚马尔项目第一艘 ARC7 级液化天然气运输船正式入港》，载中国石油国际勘探开发有限公司官网，2017 年 4 月 7 日。http://cnodc.cnpc.com.cn/cnodc/gsxw1/201704/0b711d23a5e143b49e80e73d1f53bf03.shtml

2014 年 10 月 21 日，马哲睿先生乘坐的专机在莫斯科伏努科沃机场遭遇空难。生前，马哲睿先生大力推动亚马尔项目，并顶住西方国家制裁俄罗斯的压力，与俄罗斯保持较好的商业合作关系。

马哲睿先生也曾多次来中国，其执掌下的道达尔公司与中国的石油企业保持着良好的合作关系。2013 年 3 月，马哲睿在参加"中国发展高层论坛 2013"年会时表示，对发展中国家而言，过度依赖外部能源供给会对发展造成制约。提升天然气和单位国内生产总值的能耗效度，优化或丰富能源构成，这对中国而言至关重要。

共建"冰上丝绸之路"，为北极地区的发展带来了强劲动力，也将为中俄在北极地区的战略对接奠定基础。正如国务委员兼外交部部长王毅所说，中俄拥有高度一致的利益契合点。不论国际形势如何变化，中俄合作只会加强，不会削弱，只会向前，不会后退。任何唱衰中俄关系的论调在事实面前都是苍白的，任何分化中俄关系的企图在中俄团结面前都是徒劳的。

第四章

深蓝力量：海洋强国的支撑

"欲国家富强，不可置海洋于不顾，财富取之海洋，危险亦来自海上。"随着21世纪"海上丝绸之路"建设的推进，国家利益必然进一步向海洋拓展。由海洋大国向海洋强国转变，需要建设一支强大的海上力量，以提供强有力的支撑。中国海军走出国门，驶向深蓝，护航亚丁湾，既是对世界和平与国际海洋秩序的有力维护，也充分彰显了中国作为负责任大国的担当。

在大海中航行，不怕浪，就怕"涌"。在 21 世纪"海上丝绸之路"上，横卧着一个正在崛起的大国——印度。穿越马六甲海峡，"中远荷兰"号一路向西航行，海平面逐渐由窄变宽，进入印度洋。

在印度洋海域，受强"涌"的影响，"中远荷兰"号在茫茫大海中上下起伏。在印度洋海域，印度是一个不可忽视的因素。长久以来，印度视印度洋为"自家后院"，不允许他国主导，对不断崛起的中国也始终怀有戒心，对中国提出的"一带一路"倡议，尤其是 21 世纪"海上丝绸之路"建设心存芥蒂。

2014 年，莫迪就任印度总理之际，宣布 21 世纪将成为"印度世纪"。上台后，莫迪强化"东向行动政策"，不断扩大在印度洋的军事存在，并借助美国等域外势力，强化制衡中国的筹码。

与此同时，美国、日本、印度和澳大利亚联手，着手构筑"印太战略"，并试图拉拢东盟十国，抛出"美元外交"的诱饵，旨在牵制和对冲中国提出的"一带一路"倡议。

第一节　以日月星辰为伴，与惊涛骇浪共舞

——筑梦"海丝"的大力水手

2017 年 4 月 25 日，宽阔的印度洋，碧空万里，海水湛蓝。中远海运旗下的"中远荷兰"号破浪前行。这是"中远荷兰"号从中国上海洋山深水港出发后，在 21 世纪"海上丝绸之路"航行的第 11 天。

穿越马六甲海峡，进入印度洋之后，海员们将这段航程称为"放羊"（行话，意指在一望无垠的大海中航行，犹如在大草原上放羊一样）。这段时间，免去了靠港装卸货物的忙碌，任务相对轻松一些。除了日常值班外，海员们会利用这段时间进行日常检修和维护。不当班的海员也可以在船上打打篮球、乒乓球，玩儿几把牌，放松一下。

现在人们用于休闲娱乐的麻将，据传就是源自海洋航行中的一种娱乐方式。这从麻将牌的名称就能看出来，例如，东风、西风、南风、北风、一条、二条和三条等。在古代"海上丝绸之路"上，船上运输的丝绸都是卷成一条一条的，在押注的时候，会使用一条丝绸、二条丝绸和三条丝绸等。

于是，一条、二条和三条的叫法就沿用至今。[1]

从驾驶台前方的舷窗望出去，"中远荷兰"号的船头在茫茫大海中上下起伏。驾驶台上方悬挂的测倾仪指针，随着船体起伏而左右摇摆。这一天，"中远荷兰"号的海员们按计划要更换绞缆机的刹车片。

"中远荷兰"号共有 8 台绞缆机。船舶在靠港过程中，绞缆机发挥着重要作用。靠泊期间，海员要视潮汐涨落和船舶的吃水深浅来控制缆绳的松紧度，而刹车片则是绞缆机控制缆绳松紧的关键部件之一。

2017 年 4 月 25 日，"中远荷兰"号穿越马六甲海峡之后，进入印度洋。大约要经过 10 天的航行，才能到达苏伊士运河。除了日常值班外，海员们通常利用这段时间进行日常检修和维护。图为海员们更换绞缆机刹车片。

---

① 姜波：《考古学视野下的"海上丝绸之路"》，载宣讲家网，2017 年 6 月 15 日。
http://www.71.cn/2017/0615/951767.shtml

　　更换刹车片是一个精细活，既考验技巧，也需要耐心。一副刹车片的固定螺丝有近 100 个，从拆卸、铲磨、敲锈、清洁、打孔，到安装刹车片和固定螺丝，最后调整到位，前前后后需要几个小时。

　　"中远荷兰"号共有 5 名水手。整整一上午，水手们相互配合，才将旧刹车片拆卸下来并换上了新的刹车片，准备在下午降温之后将整个刹车装置安装固定。

　　无论拆卸还是安装，手动摆弄这些大块头的金属装置，水手们都要用很大的力气，更何况还要克服船舶航行中的颠簸，忍受高温和热浪，迎着巨大的海风。

　　常年风吹日晒的甲板工作，使海员们看起来比实际年龄更加沧桑。沈红星是"中远荷兰"号上为数不多较为年长的海员，50 多岁，为人憨厚，待人诚恳。

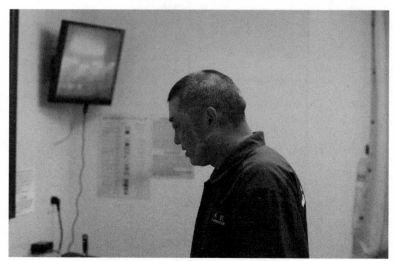

2017 年 4 月 26 日，木匠沈红星在甲板上工作结束后回到工作区。

常年累月的海上工作和生活，早已在沈木匠黝黑的脸上刻下了不同寻常的岁月印记。长时间的甲板工作和阳光照射，使安全帽系带的印痕在他脸庞两侧清晰可见。

在茫茫大海中，海员们要接受的考验，远远不止炎炎烈日和刺骨的海风。在"涌""浪"起伏中工作，也是海员们的家常便饭。

"中远荷兰"号长 366 米、宽 51 米、高 67 米，是一艘 10 万吨级的远洋货轮。25 日 7 点左右，驾驶台上方的测倾仪显示为 0.2 度。尽管数值很小，但我这样的初来乍到者明显感觉脚下发飘，坐在驾驶台的电脑桌前敲键盘写稿，有一种坐在摇椅上的感觉。

吃早饭时，海员们告诉我，刚当海员时，他们遇到类似的颠簸也非常不适应，一直呕吐，感觉"肠子都快吐出来了，根本没有食欲"，尤其是在吨位不大的船舶上，但现在已经习以为常了。"4 月的印度洋，还算得上平静，要是到了 6 月至 9 月，刮的是西南季风，那种颠簸才真让人苦不堪言。"跑了几十年船的老海员陈道明对我说。

晚饭期间，助理政委蔡团杰告诉我，船舶颠簸得很厉害时，海员们晚上躺在床上，身体会随着船体的摇摆而左右翻滚，根本休息不好，但第二天要照常工作，非常不容易，在陆地上工作的人无法想象这种辛苦。

与不经常出海的人的想象不同，对航行在大海上的船舶来说，一般意义上的风浪并不会产生多大影响。正如一些老海员所说，在大海中航行，不怕浪，就怕"涌"。

"涌"与"浪"不同。通俗来讲，"涌"主要由大洋内部作用产生，在海平面以下。"浪"主要是受风力作用产生，表现在海平面上。

风浪大时，海面泡沫翻滚、波涛汹涌，但大船穿行其中不见得非常颠簸。遭遇强"涌"时，海面像一块巨大的蓝色丝缎在涌动，再大的航船在强"涌"的作用下，也犹如一叶孤舟，甚至可能倾覆。

在强"涌"中航行，就像坐着一台巨大而永不停歇的过山车，上下翻腾，左右摇摆，即便是非常有经验的老海员，可能也抵挡不住几下，便要败下阵来。

航行在印度洋上的"中远荷兰"号，在强"涌"的作用下不断颠簸。在船上，大到桌椅板凳、电脑、电视，小到暖瓶、茶杯，都有配套的固定装置，以免在遭遇颠簸时翻滚受损或伤及海员。

由于船舶在海上航行的时间比较长，再加上大海的颠簸，固定集装箱的扭锁和拉杆或多或少会出现一些松动。为确保运输货物的安全，海员们需要定期查看集装箱，并对固定集装箱的扭锁和拉杆进行绑扎和加固，确保货物在海上的运输万无一失。

4月24日，驶离新加坡港之后，"中远荷兰"号逐渐进入马六甲海峡。在水手长何永兵的带领下，水手们对绑扎过道和甲板区进行了仔细检查，清理出损坏的花篮螺丝及扭锁，并对集装箱进行了紧固。

从位于7层半的驾驶台两翼甲板望下去，距水手们脚下仅有几步之遥的舷外，便是深不见底的大海。初次登上远洋货轮的我，看到这一幕，腿有些发软，但同时也对他们心生敬佩。

　　奔跑在 21 世纪"海上丝绸之路"最前沿的海员们，依靠他们辛勤的双手和无畏的气魄，为远洋船舶搭载的货物一路守护，架起了中国与"海上丝绸之路"沿线国家互联互通的贸易通道。

　　2017 年 4 月 24 日，在水手长何永兵的带领下，水手们对船上的集装箱进行绑扎紧固。距他们只有几步之遥的舷外，就是深不见底的大海。

　　海员是与海浪共舞的甲板水手，是大海上的平凡英雄，更是筑梦 21 世纪"海上丝绸之路"、助力海洋强国建设的共和国脊梁。

第二节　颠簸在印度洋上

从马六甲海峡向西航行，海域逐渐由窄变宽，"中远荷兰"号要在这片宽阔的印度洋海域里徜徉数日，穿过红海之后，将抵达苏伊士运河锚地。

印度洋是世界第三大洋，约占世界海洋总面积的 1/5，拥有红海、阿拉伯海、亚丁湾、波斯湾、阿曼湾、孟加拉湾、安达曼海等重要边缘海和海湾。因海域广阔、通航密度相对较低，海员们将这段在印度洋漂流的时光称为"放羊"。

夏季的印度洋盛行西南季风，风力较为强劲。在古代，就是借助强劲的西南季风、穿越印度洋的风帆贸易，将中国与亚非欧紧紧连在了一起。

"云帆高张，昼夜星驰。" 600 多年前，中国伟大的航海家郑和统率当时世界上最强大的海上力量，沿古代"海上丝绸之路"，七次远洋航海，航迹遍及东南亚一带至印度洋周边 30 多个国家和地区，一直抵达非洲东海岸的肯尼亚，留下了中国同沿途各国人民友好交往的佳话。那时的西洋，指的就是如今的印度洋。

"中远荷兰"号在印度洋的航行，让我第一次感受到登船以来的颠簸。常年跑海的海员们可能已经习惯了，但初次登轮的我，坐在"中远荷兰"号的驾驶台上写稿，如同坐在摇椅里，胃里的食物一直往上涌。

在很大程度上，印度洋关系到中国 21 世纪"海上丝绸之路"的成败。莫迪就任印度总理后随即表示，印度洋对于印度的安全与进步至关重要。他提出要将印度发展成一个"全球领导大国"。21 世纪的印度洋，随着"印太战略"的提出，已经成为大国博弈的竞技场，也是中印两国战略利益碰撞的区域。

不管是在南亚地区推进中国的"一带一路"建设、建设中巴经济走廊、合作开发瓜达尔港、修筑中巴铁路、推进孟中印缅经济走廊建设，还是建设 21 世纪"海上丝绸之路"，穿越印度洋实现亚非欧贸易的互联互通，正在崛起的印度都是中国不可忽视的力量，需要保持足够的警惕。

21 世纪"海上丝绸之路"：印度的疑虑

印度是亚投行的创始成员国，也是第二大股东，但印度对加入中国的"一带一路"倡议一直持比较冷淡的态度，甚至是有所戒备和排斥。其中一个重要原因是，印度认为中国企图利用经济手段实现战略目的，另一个原因则是针对巴基斯坦。

印度的一些战略界人士倾向于从地缘政治的角度看待中国的"一带一路"，并将其视为中国的一个重大战略举措，尤其是中国在吉布提建设第一座海外军事基地。在印度战略界看来，中国想通过 21 世纪"海上丝绸之路"的建设，构筑一条包围印度的"珍珠链"。

因克什米尔等问题，印度与巴基斯坦之间的矛盾由来已久，甚至不时发生小规模武装冲突。中国与巴基斯坦共建中巴经济走廊，合作建设和运营瓜达尔深水港，让印度感到忧虑。

2015年，中国国家主席习近平访问巴基斯坦。中巴双方同意构建"1+4"的经济合作布局：以中巴经济走廊建设为中心，以瓜达尔港、能源、交通基础设施和产业合作为四大重点领域。

2016年11月13日，随着首批集装箱被运出港口，瓜达尔港正式开航。中巴两国共同见证了首批中国商船从瓜达尔港出海。

2017年4月29日，"中远荷兰"号航行在印度洋上。
由于船舶颠簸晃动，集装箱因摩擦发出沉闷的巨响，海员们在夜里需要克服噪声才能入睡。

过去，化肥进口是瓜达尔港唯一的货源，港口经营相对单一。来自中国的管理者通过采取免收滞港费、免收 3 个月货物存储费、降低港杂费用、提供陆路运输服务等多项优惠措施，吸引了更多的货船停靠瓜达尔港，培育了瓜达尔的海运市场。

瓜达尔港是中巴经济走廊南端的起点，也是中国"一带一路"沿线的一个重要节点。以瓜达尔港为起点，中巴经济走廊全线畅通后，中国进口的石油等能源从沙特阿拉伯到达中国上海的时间将从 25～30 天缩短至 12 天，到达新疆喀什的时间更缩短至 5 天。

2018 年 3 月 7 日，中远海运集运开辟了巴基斯坦瓜达尔中东快航，正式挂靠瓜达尔港。现在，每周都会有集装箱船停靠瓜达尔港。这条固定的集装箱航线，从根本上解决了瓜达尔港此前"有船无货，有货无船"的尴尬局面。

中国货轮运来的多是工程机械、建筑预制件、重型卡车和建筑材料，这些来自中国的物资不仅保障了瓜达尔港的建设，还满足了中巴经济走廊其他项目的需要。

中国前驻巴基斯坦大使陆树林曾刊文说，中巴经济走廊和瓜达尔港对中国的战略意义十分明显。中国目前正在实施开发大西北战略，无论是建设瓜达尔港，还是建设中巴经济走廊，乃至建设"一带一路"，都将助力中国开发大西北战略的推进。

陆树林认为，一旦中巴经济走廊被打通，中国西部各省向西将获得一个便捷的出海口，从中东和北非进出口的货物将比原来的路程缩短 80%。一旦中巴铁路和中巴油气管道被建好，中国从中东和非洲进口的石油，就可通过中巴经济走廊被运回国内，这十分有利于中国摆脱原来八成能源进口依靠马六甲海峡运输的困局，有利于保障中国能源供应的安全。

莫迪：现实主义与"向东行动政策"

2014 年 5 月 26 日，莫迪出任印度新总理。莫迪是一位果断务实、精力旺盛、勇于变革的政治家。他在竞选宣言中提出，要建设一个"强大、自立、自信的印度"。在莫迪看来，印度发展海洋经济的目标和需求与中国建设 21 世纪"海上丝绸之路"的构想有相通之处。

莫迪希望营造一个和平、稳定的周边环境，以使印度能专注于改革国内经济结构，改善基础设施建设。因此，印度加入了亚投行，以获得发展资金。

2018 年 3 月 19 日，英国《金融时报》网站刊文说，印度已成为由中国牵头的亚投行最大的受益者，该行迄今为止承诺提供的资金中，1/4 给了印度。

亚投行总部位于北京，2016 年 1 月开业运营。两年后，亚投行已经批准了 43 亿美元的贷款，为亚洲各地的基础设施项目提供了资金。尽管中印两国存在分歧和领土纠纷，但超过 10 亿美元的资金被印度"拿走了"。

西华师范大学印度研究中心主任龙兴春认为，印度加入亚投行乃至如今成为最大贷款国，并不等于印度会跟"一带一路"发生更多关联。① 在他看来，印度有可能接受"一带一路"倡议，但不可能接受中巴经济走廊。

事实上，现在的印度政府对待"一带一路"的态度非常"实用主义"。虽然不太接受"一带一路"这一概念，但对于一些具体的经济合作、技术合作项目，只要有利可图，印度基本上都予以接受。

《印度教徒报》刊文说，莫迪希望把印度打造成一个制造业中心，以兑现其"让印度成为强大国家"的承诺。为了实现这些雄心勃勃的目标，印度需要维持与中国、巴基斯坦和其他国家的稳定关系，需要从中国、日本和新加坡等国家吸引进投资和技术。

莫迪上台以来，以"邻国优先"原则和"东向行动政策"为基点，全方位扩大外交辐射范围。向东，印度越过东南亚国家，加强与日本、澳大利亚、韩国以及一些太平洋岛国的战略关系。

同时，印度也寻求成为美国倡导的印太新秩序下的一个重要支柱，加强与日本、澳大利亚等美国盟友在印度洋上的安全合作，在获取印度洋的主导权的同时，塑造自身在印太格局中的影响力。②

在安全上，印度将中国视为战略竞争对手，这种对中国

---

① 《亚投行"最大受益国"是印度，中国吃亏了吗？》，载东方网，2018 年 3 月23 日。http://mini.eastday.com/mobile/180323141042238.html

② 王晓文：《印度莫迪政府的大国战略评析》，载《现代国际关系》，2017 年 05期。首发"国关国政外交学人"微信公众号，2017 年 7 月 20 日。http://www.sohu.com/a/158644666_618422

的防范心态，是印度推出"东向行动政策"的重要原因。出于发展经济的考量，印度希望修复与中国的关系，但不允许中国主导"自家后院"印度洋。为此，印度不断增强军事力量，加快建造航母，强化印度在印太地区的影响力。

"中远荷兰"号的"保安限制区域"标识。美国"9·11"恐怖袭击事件之后，根据《国际船舶和港口设施保安规则》等相关规定，在船舶上应划出一些区域，防止人为破坏，未经许可不得入内，其中包括驾驶台、机舱，舵机房和应急发电机房、海员生活区等关键处所。

2018 年年底，印度海军参谋长苏尼尔·兰巴在接受媒体采访时表示，到 2024 年，印度将拥有两艘可使用的航母。印度现在的航母是"超日王"号，正在推进建造的第二艘国产航母"维克兰特"号，可能于 2020 年年初启动试运行。

印度总理莫迪格外重视与世界大国的战略合作，希望借助大国的影响力来实现大国梦想，同时制衡中国。印美关系是莫迪大国外交的重中之重，莫迪上台后，印美战略关系不断深化。

日本《产经新闻》指出，印度增强海军力量有利于强化日美等推进的印度洋－太平洋战略。而印度海军参谋长苏尼尔·兰巴也毫不避讳印度重视与日美澳等国的合作："为了实现'自由开放的印度洋－太平洋战略'，我们将与友好国家紧密配合行动。"

遏华：自由开放的印太战略

印太战略是在中国综合实力和国际影响力显著增长、印度快速发展且潜力巨大的背景下，由美国主导推动，日本大力推介，澳大利亚和印度积极跟进的战略，主要目标是维护美国主导下的区域既有秩序，对抗中国综合实力和国际影响力增长所造成的冲击。[①]

尽管包括美国在内的各方均对外宣称，印太战略并非指向任何第三方，但其实际上瞄准的是中国，这一点毋庸置疑。并且，印太战略以"遏华"为着眼点，以期增加对中国的"包抄"和战略施压。

2017 年 11 月初，特朗普借其就任美国总统后的首次亚太之行，高调宣示美国的印太战略，12 天访问 5 国。11 月 5 日，特朗普飞抵东京横田美军基地，向近 2 000 名驻日美军官兵和部分日本自卫队队员发表演讲。

特朗普在演讲中表示，"此行，我们将寻求新的合作伙伴

---

① 丁辉、汤祯滢：《印度尼西亚对印太战略的反应——印度尼西亚"印太政策"辨析》，载《东南亚纵横》，2018 年，第 40—47 页。

以及与盟友之间的合作机会，力争建立一个本着自由、公正与互惠的印度洋－太平洋地区"。这是美国总统特朗普首次在亚太之行中公开提及"印太"这一概念。

根据美国白宫国家安全事务助理麦克马斯特的解释，所谓"自由开放的印度洋－太平洋"，是促进该地区自由、繁荣、安全、独立的"最好标准"，包括五方面内容：尊重航行和飞行自由；尊重法治；尊重主权；没有高压政治；私营企业和开放市场。[①]

实际上，早在 2016 年 8 月，日本首相安倍晋三在肯尼亚出席非洲开发会议时便提出了印太战略的构想，即"自由开放的印度洋－太平洋战略"。这一战略既有经济和外交层面的考量，也有针对海洋安全层面的设计，主要在于强调要构建美国、日本、印度和澳大利亚的"民主安全菱形"同盟，联手针对中国。

在印太战略中，日本尤其关注印度洋的通道安全与航行自由。日本方面认为，印度洋是国际贸易的重要通道，东亚物资运输的 75% 以上要通过印度洋，必须确保印度洋的通道安全与航行自由，消除安全威胁。

按照《日本经济新闻》的说法，印太战略的主要内容是，在从太平洋到印度洋的广大地区，日本要与拥有法治和市场经济等相同价值观的国家进行合作，而日本、美国、澳大利亚和印度在合作中起主导作用。

---

① 高兰：《多边安全合作视野下日本"印太战略"的内涵、动因与影响》，载《日本问题研究》，2018 年 04 期，2018 年 8 月 2 日。http://www.sohu.com/a/244851872_619333

2017 年 4 月 26 日，"中远荷兰"号在印度洋航行期间，遇到法国达飞海运集团公司的一艘集装箱船。印度洋是国际贸易的重要航道，海域宽阔，偶尔才能见到一艘过往的船舶。

2018 年 6 月 7 日，美、日、印、澳四国在新加坡召开第二次安全对话会，除继续聚焦互联互通、海上安全、地区秩序与安全等议题外，美国还强调东盟在印太地区的中心地位，试图将东盟国家拉入印太战略的意图十分明显。

在东盟十国中，越南和印度尼西亚对印太战略表示过明确的支持。专家认为，印太战略的目的在于牵制中国，或对中国进行军事遏制，其背后也有相应的经济计划提供支撑。2018 年 8 月 1 日至 5 日，美国国务卿蓬佩奥展开了访问马来西亚、新加坡、印度尼西亚等国的东南亚之行。

就在此前的 7 月 30 日，蓬佩奥在美国商会发表的一个政策性演讲中表示，"美国将斥资 1.13 亿美元，主要投资数字经济、能源和基础设施等支持未来的基础领域。这仅仅是美国对印度洋－太平洋地区和平与繁荣的新时代经济承诺的定金"。

蓬佩奥的"首付款"计划提出后，日本首相安倍晋三也表示，"希望为印度洋－太平洋地区的高质量基础设施建设出一份力"。而安倍早在提出印太战略的非洲开发会议讲话中就表示，在未来三年，日本将通过政府和民间渠道向非洲投资300亿美元，促进非洲国家的发展。

7月31日，澳大利亚外长毕晓普宣布了美、日、澳三国在印度洋－太平洋地区展开基础设施方面合作的方针。毫无疑问，美、日、澳对东南亚国家出手，意在对冲中国"一带一路"倡议对东南亚国家的吸引力，试图阻挠"一带一路"建设的进展，服务其遏制中国的印太战略。

从趋势上看，"印太"正在从一个地理概念向一个不断做实的地区战略转变。在这一战略框架下，美国采用联合军演、政治打压、外交上拉帮结派等一系列政治手段，配以相应的经济手段作为支撑，"遏华"的意图非常明显。这需要中国在与相关国家推进"一带一路"建设，尤其是与沿线国家共建21世纪"海上丝绸之路"的过程中提高警惕。

第三节　与索马里海盗擦肩而过

在印度洋上颠簸数日，2017年5月1日，"中远荷兰"号抵达亚丁湾海域。下午5点左右，驾驶台甚高频无线电传来一阵急促的呼喊："我们开枪示警，小艇随后就逃跑了。"

正在驾驶台值班的大副李红兵根据经验判断，肯定是有货轮遭遇海盗了。

果然，随后，"中远荷兰"号收到了国际海事局海盗报告中心发来的报告：提醒过往商船一定要提高警惕，一旦遭遇袭击或发现疑似海盗迹象，应立即向海盗报告中心报告。

亚丁湾海域海盗猖獗，是21世纪"海上丝绸之路"上的高风险区域之一。防海盗演习是经过该海域的中国海员的必修课。

为了能将这些装满货物、高高垒起的集装箱顺利运抵欧洲港口，进入亚丁湾海域后，海员们24小时轮流值守，高度戒备。助理政委蔡团杰彻夜不眠，坚守岗位。

2008年12月，经联合国安理会授权，中国海军派出首批舰艇编队，赴亚丁湾、索马里海域执行护航任务。这是中国军队首次组织海上作战力量赴海外履行国际人道主义义务，也是中国海军首次在远海执行保护重要运输线的安全任务。

随着经济全球化的深入发展，恐怖主义、大规模杀伤性武器扩散、毒品走私、海盗频发、海洋环境恶化、自然灾害不断等全球性问题日渐凸显，海上非传统安全问题越来越严峻。

10多年来，中国海军累计派出31批护航编队、100艘次舰艇、67架次直升机、26 000余人次官兵执行护航任务，共为6 600余艘次中外船舶护航，解救、接护和救助遇险船舶70余艘，3次武力营救被海盗劫持船舶，抓捕海盗3名，保护了被护船舶和编队自身的绝对安全。

"中远荷兰"号驾驶台的甚高频无线电通信设备，主要用于海上近距离无线电通信，包括实现船舶操纵、安全避让和近距离搜救协调等通信。

"乘长风，战恶浪，钢铁编队横跨印度洋。维护国家利益，保障运输通畅，勇敢水兵驰骋亚丁湾上……"雄壮的《亚丁湾护航之歌》，激励着一批又一批中国海军护航官兵在亚丁湾坚守使命、续写辉煌。

"欲国家富强，不可置海洋于不顾，财富取之海洋，危险亦来自海上。"随着 21 世纪"海上丝绸之路"建设的推进，国家利益必然进一步向海洋拓展。由海洋大国向海洋强国转变，需要建设一支强大的海上力量，以提供强有力的支撑。中国海军走出国门，驶向深蓝，护航亚丁湾，既是对世界和平与国际海洋秩序的有力维护，也充分彰显了中国作为负责任大国的担当。

猖獗的索马里海盗

登轮远航，海员们希望海不扬波，平安返航。每次靠港，海员们都会趁手机有信号的时候跟家人道一声平安。亚丁湾海域是海员们比较担心的一片海域。

在抵达亚丁湾海域的前两天，"中远荷兰"号组织全船进行防海盗演习。

按照约定，在进入亚丁湾海域后，"中远荷兰"号每间隔6小时，要向公司总部报告船舶的位置、航向和航速，以便公司及时掌握船舶情况，通过电子邮件将船舶位置、航向和航速等信息，一并抄送国际海事局海盗报告中心。

"中远荷兰"号的船尾放有高压消防水枪、防弹盾牌、脱钩器和驱离海盗的专用器具，生活区也专门配备了防弹衣和防弹头盔。船舱内所有通往室外的门要封闭、上锁，以防止海盗登船进入生活区。

一般而言，海盗劫船的目的是扣押海员，勒索钱财。一旦驱离海盗失败，在海盗登船的情况下，全体海员需要立即撤离至处于隐蔽位置的安全舱内，以防止沦为人质，并尝试与外界取得联系，等待援助。

在"中远荷兰"号的安全舱内，长年备有应急食物、饮用水、应急灯和坐便器等，也有卫星电话，可以与中远海运总部、中国海军护航舰队和国际海事局海盗报告中心紧急联系。

进入亚丁湾海域后，"中远荷兰"号的驾驶台增加了值班人员，并设有专门的防海盗班，24小时加强瞭望。现在已是

"中远桑托斯"号三副的高奇峰说:"海盗一般昼伏夜出,海盗的快艇一般在母船上,但在视觉瞭望中,很难辨别是渔船还是海盗船。"

2017年4月27日,"中远荷兰"号在印度洋航行,还有几天就要抵达亚丁湾了。近些年来,亚丁湾海盗猖獗。在进入亚丁湾之前,"中远荷兰"号要进行例行反海盗演习。

高奇峰说,船上搭载小艇或结队而行的小艇最为可疑,一旦发现这样的情况就要提高警惕。一般而言,海盗的船相对较小,其雷达回波比普通商船的雷达回波更加微弱。总之,一旦发现可疑迹象,就应立即采取措施,提前转向加速。

夜间在亚丁湾海域航行时,"中远荷兰"号政委郑明华和助理政委蔡团杰会轮流带队,加强值守。同时,"中远荷兰"号会实施灯火管制,尽量加速通过这片海域,以减少遭遇海盗的风险。

当地时间5月1日下午5点左右,"中远荷兰"号正在亚丁湾海域航行，驾驶台甚高频无线电突然传来一阵急促的呼喊，"我们开枪示警，小艇随后就逃跑了"。这一疑似海盗袭击的消息不由得让人紧张起来。

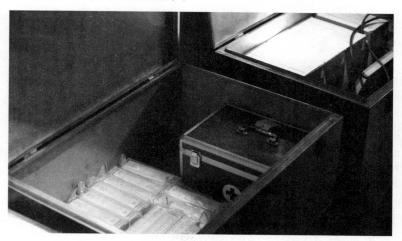

2017年4月27日，"中远荷兰"号进行反海盗演习，全体海员紧急退守至安全舱内。

安全舱是海员能维持基本生活、安全的应急避难场所，隐蔽性强，防御性强，储备了适量的食品、应急饮用水、马桶、应急药品，安装了通风、（独立）电源和卫星电话等设备。

次日凌晨，"中远荷兰"号收到国际海事局传来的防海盗警示：一艘商船在亚丁湾海域遭5艘小艇逼近，每艘小艇搭载5人。4艘小艇以25节的速度逼近商船左舷，一艘小艇向商船右舷逼近。在距商船0.2海里时，商船上的保安鸣枪示警，5艘小艇迅速逃离。

"中远荷兰"号二副杨万里告诉我，这一疑似海盗袭击事件发生在"中远荷兰"号前方大概185海里，距"中远荷兰"号既定航线最短距离只有9海里。

"每一个箱子（集装箱），都代表着客户对我们的信任，我们会尽最大努力把它们安全护送到目的地。""尽最大努力"的背后，是海员肩膀上的责任，而这份沉甸甸的责任背后，则是常年在大海上的漂泊，与家人的长期分离。

我是中国海军 515 舰

索马里位于非洲大陆最东部的索马里半岛上，是世界上最不发达的国家之一，享有"非洲之角"之称。索马里扼守红海入口处，以北是狭长的亚丁湾。

亚丁湾是从印度洋进入地中海及大西洋的咽喉要道，是连接包括中国在内的东亚国家和西欧的重要航线，战略位置十分重要。

每年有 100 多个国家和地区的约 2 万艘船舶通过亚丁湾，货运量约占世界海上货运总量的 1/5。中国每年有 1 000 多艘商船通过亚丁湾，经苏伊士运河前往欧洲。[①]

1991 年以来，索马里内乱不断，不同派系和族群间的暴力冲突导致大量民众流离失所，沦为难民。迫于生计，不少难民走上了从事海盗的道路，将抢劫当成了职业。这不仅给穿越印度洋的货运和航行带来了安全威胁，更威胁到海员们的生命安全。

长期以来，索马里很多地区处于无政府状态，海盗活动

---

① 张军社：《亚丁湾护航对维护国家战略利益具有重要意义》，载《解放军报》，2018 年 12 月 21 日。http://www.81.cn/jfjbmap/content/2018-12/21/content_223742.htm

猖獗。一些海盗甚至打着维护索马里海洋权益的旗号，在亚丁湾等临近海域袭击过往船只，绑架海员，索要巨额赎金。

2007—2008 年，亚丁湾海域成为索马里海盗活动的主要海域。2008 年 12 月，经联合国安理会授权，中国海军派出首批舰艇编队，赴亚丁湾、索马里海域，与多国海军一起护航。

"'中远荷兰'号商船，我是中国海军 515 舰，听到请回答。"

"我是集装箱船'中远荷兰'号。"

"早上好，我是执行亚丁湾护航任务的中国海军 515 舰。我在附近海域没有发现异常情况。请问你在附近海域是否观察到可疑目标？"

"我们没有看到可疑目标。"

"在你前方还有中国海军舰艇在执行东向护航任务。如果你遇到紧急情况或需要援助，可随时呼叫我们。"

当地时间 2018 年 8 月 15 日早晨 7 点半左右，行驶在亚丁湾海域的"中远荷兰"号，收到正在附近执行护航任务的中国海军 515 舰的呼叫。"中远荷兰"号船长顾龙华与中国海军515 舰的值班官兵通过无线电进行对话，顾龙华通报了"中远荷兰"号的航行情况。[1]

执行此次护航任务的是中国海军第 29 批亚丁湾护航编队。执行护航任务期间，包括中国海军在内的护航编队对附近海域进行全天候瞭望，并采取探照灯照射、直升机巡逻等方式

---

[1] 吴嘉林：《中国海军编队在亚丁湾为商船保驾护航》，载新华网，2018 年 8 月 16 日。http://www.xinhuanet.com/mil/2018-08/16/c_129934191.htm

密切监控周边海域，为各国过往商船提供海盗活动和海区气象等信息。

维护海上战略通道的安全，防止特定组织或集团封锁国际水道或掠夺国际海洋公共资源，是中国海军的一项重要使命，也是中国建设海洋强国的题中之意。

英国《简氏防务周刊》认为，当代海军有五大职能：预防冲突、维持对海洋的控制和航海自由、维护海洋秩序、向海外投送兵力以及进行必要的国际合作。当代海军的主要目的是保护以海洋为中心的全球贸易体系。而应对全球性危机与应对国家间冲突一样，未来将成为国家海上防御的一大主要任务。[①]

保卫国家海上贸易和能源通道安全，维护国家的海外利益，助力中国由海洋大国向海洋强国转变，需要一支包括航空母舰在内的强大的海上力量。

共建海洋命运共同体：走向深蓝的使命

2013 年 11 月 8 日，超强台风"海燕"袭击菲律宾，菲律宾遭受重创。在特大自然灾害面前，中国派出海军和平方舟医院船迅速出动，前往菲律宾实施国际人道主义救援。

这是中国首次派出舰艇赴海外灾区执行人道主义医疗救助任务。穿越时空，跨越大洋，和平方舟用一道道壮美的航

---

① 胡波：《中国海权策：外交、海洋经济及海上力量》，北京：新华出版社，2012 年，第 214 页。

迹，救死扶伤，托举大爱，充分彰显出中国军队的大国担当。

航程 31 800 海里，历时 205 天，诊疗 50 884 人次，实施手术 288 例……2018 年，中国海军和平方舟医院船远赴大洋洲和中南美洲，为当地人提供免费医疗服务，实现了中国海军舰艇对委内瑞拉、多米尼克、安提瓜和巴布达、多米尼加等国家的首访。

服役 10 年来，和平方舟医院船已经访问 43 个国家，惠及各国民众 23 万余人次。一个个数字体现了中国海军对和平的热爱，给世界各地人民留下了温暖的记忆。

2011 年 1 月，利比亚爆发内战，局势失控，许多中国工地遇袭。3 万多名中国同胞等待撤离。中国第一次动用军事力量参与撤侨。3 月 2 日，中国海军第七批护航编队抵达利比亚附近海域，为撤离在利比亚的中国同胞的船舶提供支持和保护。

"祖国派军舰接亲人们回家。" 2015 年 3 月 29 日，中国海军舰艇编队赴也门执行撤离中国公民的任务，总共撤离中国公民 621 人，以及 15 个国家的外国公民 279 人。

中国海军与国际同行间的互访和交流不断增多，与世界主要海上力量的联合演习也更加频繁，演习科目与范围趋向实战，如中俄"海上联合 –2013"的军事演习就涵盖了联合防空、打击海上目标等战斗科目。

从 2005 年首次组织"和平使命"联合演习开始，中俄两国军队共同参与了双边和多边框架下的多场联合演习，见证了双方不断深化拓展务实友好合作的发展历程。

自 2007 年开始，中国海军参与西太平洋海军论坛多边演习，并于 2014 年正式参加"环太平洋"联合军事演习。2014 年以来，中国已两次参与"环太平洋"联合军事演习。"环太平洋"联合军事演习是由美国倡导并举办的国际上最大规模的海上军事演习，演习旨在提升太平洋沿岸国家保护海上通道安全及联合应对海上非传统安全威胁的能力。

远洋护航、联合军演、国际救援、医疗服务、撤侨护侨……中国海军在迈向世界一流海军的道路上昂首阔步。

吉布提扼守红海进入印度洋的战略要道——具有"海上咽喉"之称的曼德海峡，战略地位非常重要。2017 年 7 月 11 日，中国人民解放军驻吉布提保障基地成立，可以为中国军队执行亚丁湾和索马里海域护航、维和、人道主义救援等任务的休整补给提供重要保障。

中国首个海外保障基地的投入使用，将有助于中国海军更好地履行在亚丁湾和索马里海域的护航任务，以及开展人道主义救援等国际义务，同时将带动吉布提的经济和社会发展，促进地区的和平与稳定。

随着"一带一路"倡议，尤其是 21 世纪"海上丝绸之路"建设的推进，中国的战略重心和国家利益进一步向海洋拓展，而维护海洋权益也面临新的挑战。建设一支强大的现代化海军，能够为建设海洋强国战略提供有力支撑，是实现中华民族伟大复兴中国梦的重要组成部分。

展望未来，正在崛起的中国海军，不仅会成为一支令人望而生畏的战斗和威慑力量，也将成为全球海洋安全领域公共产品的积极提供者，为维护国际海洋秩序、守护世界和平做出应有的贡献。

　　亚丁湾护航、利比亚撤侨、叙利亚化武护航、马航客机搜寻、马尔代夫紧急供水、也门撤侨……近年来，中国海军不断走向深蓝，肩负起维护中国海洋利益的重任，也充分彰显了中国作为一个负责任大国的担当。

　　"我们人类居住的这个蓝色星球，不是被海洋分割成了各个孤岛，而是被海洋连结成了命运共同体，各国人民安危与共。"构建海洋命运共同体，是共护海洋和平、共筑海洋秩序、共促海洋繁荣的中国方案，顺应了时代发展的主要潮流，契合了国际社会的普遍期待，也赢得了国际社会的高度赞誉。

第五章

丝港沉浮：海洋文明的重构

　　起源于地中海的欧洲文明，本质上是一种海洋文明。我站在地中海之滨的希腊比港码头，在找寻历史的痕迹时发现，古希腊人向海而生，被称为"海上民族"，孕育了灿烂的希腊文明，但其殖民扩张，给其他民族带来了灾难。中国提出的建设21世纪"海上丝绸之路"，正在见证与沿线国家相互尊重、共同发展、互利共赢的奇迹，也在诠释一种新型的开放包容、和而不同、和谐共生的海洋文明。

港口是国际物流网络的重要节点，是 21 世纪"海上丝绸之路"的重要基础。从新加坡港出发，在印度洋中颠簸 10 天，"中远荷兰"号将穿越苏伊士运河，经过地中海，到达此行欧洲的第一座港口——希腊比港。

在希腊语中，比雷埃夫斯意为"扼守通道之地"。比港是希腊最大的港口，是 21 世纪"海上丝绸之路"和丝绸之路经济带的交汇之地，是地中海区域的一个重要枢纽。

21 世纪"海上丝绸之路"贯穿亚非欧大陆，一端是活跃的东亚经济圈，一端是发达的欧洲经济圈，可以带动东南亚、南亚、中东与北非地区的发展，中间广大腹地国家的经济发展潜力巨大。

"一带一路"倡议提出 6 年多来，包括一些欧盟成员国在内的国际社会越来越认识到"一带一路"带来的经济发展机遇和共建"一带一路"的重要意义，并以实际行动与中国对接发展，实现互利共赢。

2019 年 3 月 23 日，中国与意大利签署政府间关于共同推进"一带一路"建设的谅解备忘录。意大利成为首个签署这一协议的"七国集团"国家。3 月 27 日，卢森堡也与中国签署谅解备忘录，成为继意大利之后第二个加入中国"一带一路"倡议的欧盟国家。

2019 年 3 月，中国国家主席习近平出访欧洲三国——意大利、摩纳哥和法国。在此期间，摩纳哥政府表示，愿积极参与共建"一带一路"。中国与法国签署了第三方市场合作第三轮示范项目清单，启动了第三方市场合作基金。

作为欧盟"三驾马车"之一的德国和欧盟领导人此前都表示，愿将欧盟的"欧亚互联互通战略"与"一带一路"倡议深度对接，开展创新性合作。而"一带一路"倡议自提出以来，已得到150多个国家和国际组织的积极响应和参与，其中包括20多个欧洲国家。

从2005年开始，出于经济发展的需要，希腊对国内的一些基础设施项目逐步实施私有化改造，比港集装箱码头就是其中之一。2008年6月12日，中远集团在希腊比港集装箱码头私有化招标中成功中标，获得了二号和三号码头为期35年的特许经营权。

搭乘21世纪"海上丝绸之路"发展的快车，希腊比港实现了华丽蜕变，是中国与欧洲携手共建21世纪"海上丝绸之路"的生动写照。这种共建不仅让中国公司受益，也给希腊乃至欧洲人民带来了实实在在的好处。展望未来，中欧共建21世纪"海上丝绸之路"的前景非常广阔。

起源于地中海的欧洲文明，本质上是一种海洋文明。我站在地中海之滨的希腊比港码头，在找寻历史的痕迹时发现，古希腊人向海而生，被称为"海上民族"，孕育了灿烂的希腊文明，但其殖民扩张，给其他民族带来了灾难。中国提出的建设21世纪"海上丝绸之路"，正在见证与沿线国家相互尊重、共同发展、互利共赢的奇迹，也在诠释一种新型的开放包容、和而不同、和谐共生的海洋文明。

第一节　过苏伊士运河记

苏伊士运河历史悠久，见证着埃及的百年荣辱，是人类文明的摇篮，被埃及人尊称为"母亲河"，扼守欧洲、亚洲和非洲的交通要道，是从亚洲到地中海国家、欧洲和非洲西北部最重要的战略通道，也是国际贸易和航运的命脉之一，是一条全球性战略通道。

苏伊士运河位于埃及境内，北起塞得港，南至苏伊士城，连接红海和地中海，长 105 海里，主航道水深 24 米，目前可双向通航，船舶通航密度高，是当今世界上最繁忙的人工河道之一。

从新加坡港出发，颠簸在印度洋上，前后航行 10 天，当地时间 5 月 4 日晚上 10 点左右，"中远荷兰"号顺利抵达埃及苏伊士运河锚地。

早在抵达锚地之前，"中远荷兰"号的海员们便开始做准备，一切就绪后便在锚地排队等候。船长顾正中说，一旦接到苏伊士运河管理局的起锚指令，他们将立即起锚过河。

作为海上运输服务的重要支撑，中远海运以码头为支点，加快海外网络布局，形成了立足中国、辐射全球的港口网络体系。

早在 2005 年 12 月，中远太平洋有限公司（中远海运下属公司）与马士基签署协议，收购位于埃及塞得港的苏伊士运河码头公司 20% 的股权，成为继马士基之后该码头公司的第二大股东。

苏伊士运河码头项目于 2004 年 10 月开始运营，总投资 4.94 亿美元，拥有 8 个泊位，岸线总长 2 400 米，水深 16.5 米，年操作量为 510 万标准箱，2013 年吞吐量为 312 万标准箱。

苏伊士运河码头地理位置优越，是位于地中海东部的主要港口，地处亚欧及地中海地区的主航线上，具有重要的战略意义和经济价值，是中远太平洋的第一个非洲项目，也是中远海运由"跨国经营"向"跨国公司"转变的一个范例。

2016 年 3 月 28 日，中远海运与新加坡港务集团签署大型集装箱码头合资经营协议，升级在新加坡港口的投资。2016 年 5 月 11 日，中远海运与和记港口集团签署股权转让协议，拥有鹿特丹 EUROMAX 集装箱码头公司 47.5% 的股份，成为其最大的股东。

非洲是古代"海上丝绸之路"的重要延伸，中国明代著名航海家郑和率船队七次下西洋，其中有四次抵达了现在的东非沿岸，易物海外，沟通文明，促进了中国与非洲国家的友好往来，为中非友谊书写了灿烂篇章。

2018 年 9 月 3 日，中国国家主席习近平出席 2018 年中非合作论坛北京峰会开幕式并发表主旨讲话，提出携手打造合作共赢的中非命运共同体，用好共建"一带一路"的重大机遇，把"一带一路"建设同落实非洲联盟《2063 年议程》、联合国《2030 年可持续发展议程》以及非洲各国的发展战略对接起来，开拓新的合作空间，发掘新的合作潜力。

锚地，先掌运河灯

1859 年 4 月 25 日，由法国人投资的苏伊士运河破土动工，经过埃及人民 10 多年的艰苦劳动，1869 年 11 月 17 日，苏伊士运河正式开通。

后来，埃及人民对苏伊士运河进行了扩建，扩建后的新运河于当地时间 2015 年 8 月 6 日正式开通。埃及政府举行了盛大的庆典仪式，庆祝新运河的正式开通。新运河的开通，使原先的单航道变成了双航道，实现了双向通航，使通航更便利，缩短了过往船舶的等待时间，降低了通航成本。

苏伊士运河管理局主席穆哈卜·马米什说，新运河的开通将大幅度提升通航能力，经航船只的等候时间将由原来的 22 个小时缩短至 11 个小时。埃及政府估计，到 2023 年，经由苏伊士运河的商船数量将由 2015 年的日均 49 艘增加到 97 艘，运河年收入将从 2014 年的 53 亿美元增加到 132 亿美元。

2017 年 5 月 5 日凌晨 4 点，正在锚地等候的"中远荷兰"号接到苏伊士运河管理局的起锚指令，由南往北缓缓航行，预计需要 12 个小时才能通过运河。

"中远荷兰"号政委郑明华说，到达锚地之后，要等候办理通过运河的相关手续，其中包括向苏伊士运河管理局提供全体海员的证件、船舶搭载货物的清单、船舶油料状况和搭载的危险品等级等，以确定船舶通过运河的先后顺序，另外，埃及方面的安保人员也会登船检查。

大副李红兵告诉我，搭载危险品的船舶一般被安排在靠后的顺序过河，这是为了防止在搭载危险品的船舶出现问题后运河堵塞，或给其他船舶带来危险。

在通过运河之前，除了办理相关手续外，苏伊士运河管理局对需要通过运河的船舶也有一些特殊要求，例如悬挂埃及国旗和配备苏伊士运河灯等。

2017 年 5 月 5 日，"中远荷兰"号航行在苏伊士运河上。

根据运河管理局的规定，通过苏伊士运河的船舶，必须配备苏伊士运河灯，用于夜间照明，一旦发现前方有碍航物，船舶可以提前避开。如果船舶没有配备苏伊士运河灯，需要向苏伊士运河管理局租赁，但租金不菲。

通过运河时，苏伊士运河灯要确保一直处于安全可用的状态。因此，苏伊士运河管理局会安排一名当地电工跟随船舶过河，确保苏伊士运河灯的电力设备正常运行。

按照惯例，"中远荷兰"号也会为苏伊士运河的引航员和电工准备专门的休息室、食物等，有时也会赠送香烟等小礼物，或准备一些小费（美元）以示友好。当然，如果有时忘记了，引航员也会"提醒"船上的工作人员。

经过运河之前，我大概数了一下，苏伊士运河管理局会先后安排4批人员登船，他们分别是安保人员、船舶代理、苏伊士运河管理局检疫官和苏伊士运河管理局丈量官。与船上的木匠不同，丈量官主要是通过查验和计算船舶的装箱情况，核实船舶的过河费。

协作，谨慎过运河

对苏伊士运河灯、信号灯、吊小艇的吊杆、舷梯、锚机等，都要进行检查，确保其处于正常状态……船舶停在苏伊士运河锚地期间，"中远荷兰"号的水手们会按部就班，在水头何永兵的带领下，先后做好一系列过运河的准备工作。

"中远荷兰"号配有两只大抓力锚，左右各一只，每只重19.5吨，另有一只备用锚存放于左舷主甲板。每次抛锚或收锚，对锚链的磨损很严重，锚链上的大部分油漆会被磨掉。

为防止锚链生锈，木匠要定期给锚链刷油漆。在锚地锚泊时，锚链口的防护栏也要关上，以防止不法人员通过锚链口爬到船上来拿东西。船舶的物料间、备件间等也要上锁，以防止东西丢失，从而引起不必要的麻烦。

30多年的海上生活，塑造了木匠沈红星爽朗的性格，他说话总是笑呵呵的。他告诉我，他虽然叫木匠，但实际上干的都是铁匠的活儿，在船上大多是跟铁家伙打交道。

通过运河期间，苏伊士运河管理局会派当地引航员登船，在驾驶台上协助船长过运河。通常而言，当地引航员对苏伊士运河的航道、水深、水流、航标设置，以及当地的规章制度等了如指掌。大概中午过后，我看到，埃及的引航员"开溜了"。在驾驶台的一个角落里，引航员铺开自带的祈祷毯，朝着圣城麦加的方向跪地礼拜起来⋯⋯

靠泊港口，起锚离港，通过相对狭窄的水域⋯⋯航行在21世纪"海上丝绸之路"上，每逢关键时刻，"中远荷兰"号的船长顾正中和值班驾驶员都丝毫不敢放松警惕，即便有当地引航员协助，值班驾驶员也要加强瞭望，时刻注意周围船舶的动态，勤测船位和水深，认真收听甚高频无线电信息。

"中远荷兰"号三副刘军仓说，在苏伊士运河锚地及附近水域，不管是驶入还是驶出运河，因为通航密度大，渔船、运河方面的工作船常穿越航道、强越船头，遵守规则的意识较差，因此，"我们要加强瞭望，谨慎驾驶，按章避让，使用安全航速"。

轮机部在轮机长蔡建军的带领下，加强值班，以确保主机、发电机、锚机、舵机和锅炉（"四机一炉"）的工况正常，防止关键时刻出问题。助理政委蔡团杰则带领值守白班的海员，在甲板上加强安全巡视，以确保船舶安全通过苏伊士运河。

合作，托起共赢之梦

"中远荷兰"号缓缓向前航行，运河两岸的风光，在眼前由远及近慢慢铺陈开来。站在驾驶台的两翼甲板上，视野之中，绿水与黄沙、秀色与荒凉、柔软与刚强、青春与沧桑相依相伴……

　　不远处，头戴安全帽的工人们在忙碌，挖掘机、装载机和运输车也是一派繁忙的景象。深吸一口气，热风夹杂着运河两岸的风土气息，让人仿佛置身于埃及古老文明的摇篮之中，令人心旷神怡。

2017 年 5 月 5 日，"中远荷兰"号悬挂埃及国旗，通过苏伊士运河。悬挂埃及国旗，是苏伊士运河通航制度中的一条明文规定。

　　苏伊士运河承载着埃及人的百年兴衰史和特殊的民族情感，也承载着这一文明古国的复兴之梦。2014 年 6 月，塞西担任埃及总统后，出台了"苏伊士运河走廊开发计划"。"苏伊士运河走廊开发计划"与中国的"一带一路"倡议高度契合。甚至，早在"一带一路"倡议提出之前，中埃双方已经展开了对接与合作。

2011 年年初，埃及首都开罗不断出现群众示威活动，穆巴拉克总统下台。局势的动荡给在埃中资企业的运营带来了困难。

在这样的背景下，中方人员克服重重困难，在一片沙漠中建起了厂房林立、绿树成荫、街道宽阔的工业园区。这座美丽的工业园区就是中埃苏伊士经贸合作区。

中埃苏伊士经贸合作区由天津泰达控股和中非基金共同出资建设，位于苏伊士运河走廊，是一座中国国家级境外经贸合作区，占地 7.34 平方公里，其中起步区占地 1.34 平方公里，扩展区为 6 平方公里。

目前中埃苏伊士经贸合作区起步区的招商工作已经完毕。截至 2019 年 3 月，入驻企业 77 家，总投资额超过 10 亿美元，直接解决了 3 500 余人的就业问题，带动了约 3 万人就业；扩展区已完成部分基础设施建设，吸引了 8 家行业领军企业入驻，协议投资额 2 亿美元。[①]

埃及方面多次表示，中埃苏伊士经贸合作区的发展，对提升埃及的工业能力发挥了重要作用，是两国合作的成功案例。正如埃及规划部长哈拉·赛义德所说："苏伊士运河经济区的角色与'一带一路'可实现完全融合，推动国际贸易发展。"

埃及是东非人口最多的国家，人口超过 9 000 万，是非洲第三大经济体，与 120 多个国家和地区有贸易联系。塞西当选埃及总统后，推出了雄心勃勃的改革计划，涉及金融、财政

---

① 《中埃·泰达苏伊士经贸合作区：发展现状》，载中埃·泰达苏伊士经贸合作区官网，2017 年 3 月 16 日。http://www.setc-zone.com/system/2017/03/16/ 011258 910. shtml

和基础设施建设等。这为中国与埃及对接发展战略、开展合作提供了新机遇。

中埃合作前景十分广阔。有足够的理由相信，苏伊士运河经济区的发展与繁荣，将为中国与埃及进一步对接发展战略，合作共建 21 世纪"海上丝绸之路"，提供一个新的样板，对其他阿拉伯国家也会起到示范和带动作用。

共建"一带一路"的机遇与挑战

志合者，不以山海为远。古代"海上丝绸之路"为非洲人民带去了中国的茶叶、瓷器和发展经验，增进了中非人民之间的友好情谊和文明互鉴，成就了永载史册的中非友谊。

如今，苏伊士运河航道已成为 21 世纪"海上丝绸之路"上的关键一环，对中国和埃及的重要意义不言而喻。截至 2015 年，中国对欧洲贸易的 60% 经由苏伊士运河运输，占运河通航船只的 10% 以上。

中国海洋大学法政学院教授贺鉴说，在中国提出 21 世纪"海上丝绸之路"倡议前，途经苏伊士运河的海上通道早已成为中国通往欧洲和北非最重要的国际海运航线。2015 年 8 月，扩建后的苏伊士运河新河道通航，大大缩短了过往船舶的等待时间，有效减少了船舶的燃油成本，这对中国的海运企业和航运业是一项重大利好。

中国是最大的发展中国家，非洲是发展中国家最为集中的大陆。作为构建人类命运共同体的重要平台，"一带一路"倡议具有广阔的开放性和包容性。非洲是"一带一路"建设的历史和自然延伸，是"一带一路"国际合作不可或缺的组成部分。"一带一路"建设与中非关系相互促进。

2015 年，中非合作论坛约翰内斯堡峰会后，中非关系升级为全面战略合作伙伴关系，习近平主席在峰会期间提出了总额达 600 亿美元的"中非十大合作计划"，将中国的产业结构调整与非洲工业化发展的产业相对接，把中国的"一带一路"倡议与非洲的复兴和发展战略相对接，以实现共同发展。

近年来，在"一带一路"框架下，中国在非洲建造了蒙内铁路、亚吉铁路，实施了一大批公路、桥梁、机场、港口和工业园等项目，推动了非洲互联互通和一体化进程，提高了非洲人民的生活水平。

截至 2019 年 4 月底，中国已与非洲 37 个国家以及非盟签署了共建"一带一路"政府间谅解备忘录，以共同推动产能产业、基础设施和贸易便利化等领域合作，使之成为中非之间新的合作桥梁。非盟委员会主席法基表示，非中合作找对了方向，非洲国家和人民愿积极参与"一带一路"建设。[1]

不过，需要注意的是，当前非洲一些国家的政局仍存在较大的不稳定因素，而包括海盗、"博科圣地"极端组织等恐袭在内的非传统安全风险也在增加，中非携手共建"一带一路"，需要加强海上安全合作，共同应对面临的挑战。

---

[1] 刘豫锡：《中非共建"一带一路"前景广阔》，载《中国经济导报》，2019 年 4 月 30 日。http://www.dzwww.com/xinwen/guojixinwen/201904/t20190430_18674022.htm.

第二节　希腊比港："海丝"上的明珠

穿越苏伊士运河后，"中远荷兰"号进入了地中海。

从中国上海洋山深水港起航后，"中远荷兰"号乘风破浪，航行了 21 天，航程 7 878 海里，于 2017 年 5 月 6 日夜抵达欧洲希腊比港。

希腊东通印度洋，西通大西洋，背靠欧洲，又可接通非洲，地理位置特殊，是"一带一路"上的重要节点。比港是希腊最大的港口，也是 21 世纪"海上丝绸之路"在地中海区域的一个重要枢纽。

从太平洋到印度洋，再到大西洋，从中国南海到红海，再到地中海，21 世纪"海上丝绸之路"跨越大洋，穿越时空。

通过投资希腊比港，中远海运给希腊带去了覆盖航运、港口和综合物流的整个产业链的支持，尤其是在希腊债务危机的背景下，带动了希腊的就业，得到了希腊政府、社会精英和普通民众的普遍赞誉和广泛支持。

2016 年 7 月 5 日，中国国家主席习近平在人民大会堂会见希腊总理齐普拉斯。习近平主席强调，中方愿继续同希方携手合作，将比港建设成地中海最大的集装箱转运港、海陆联运的桥头堡和"一带一路"合作的重要支点，并带动两国广泛领域的务实合作。

包括"中远荷兰"号在内的中欧集装箱班轮，从中国出发，连接起亚洲、非洲和欧洲，架起了中国与21世纪"海上丝绸之路"沿线国家互联互通、合作共赢的贸易通道，更见证了中欧携手、筑梦"海丝"的风雨同舟。

以希腊比港为基地，中欧陆海快线的建设，深入到中东欧腹地，开辟了中国与东欧之间的物流新通道。2018年，中欧陆海快线累计完成货运量5.1万标准箱，同比增长27%，覆盖面扩大到9个国家1 500个网点，有效促进了欧洲货物中转格局的进一步优化。

2018年7月27日，在完成对香港东方海外（国际）有限公司的收购后，中远海运的集装箱船队规模达到近300万标准箱，进入全球班轮行业第一梯队，为服务"一带一路"建设和海洋强国战略奠定了更加坚实的基础。

"海丝"西端的重要枢纽

2017年5月5日，"中远荷兰"号穿越埃及苏伊士运河，经过地中海前往欧洲。5月6日夜，"中远荷兰"号抵达希腊最大的港口比港，这也是"中远荷兰"号远洋货轮在欧洲挂靠的首座港口。

希腊比港南面地中海，北临巴尔干半岛，港口条件和地理位置优越，是得天独厚的天然良港和地中海地区最重要的交通枢纽之一。港口陆地面积约272.5万平方米，岸线总长24公里，现有集装箱码头、邮轮码头、渡轮码头、汽车码头、物流仓储、修造船六大业务板块。

2017 年 5 月 6 日，"中远荷兰"号在地中海航行。

作为希腊最大的港口，希腊比港年集装箱吞吐量约占希腊全国集装箱吞吐量的 70%～80%。此外，希腊比港还是地中海地区的第二大港口，2006 年位列欧洲十大集装箱港之一，目前是全球 50 大集装箱港口之一。

陆路方面，希腊比港是中东欧的门户和巴尔干地区的南大门，通过铁路连接了中东欧腹地，还连接了 21 世纪"海上丝绸之路"和丝绸之路经济带。

比港海运条件优越，拥有深水港区及维护良好的港口设施，是进出黑海的咽喉之地，陆路可延伸至巴尔干地区，海运可辐射至地中海、黑海和北非等周边地区，是船舶通过黑海、地中海，通往欧洲、非洲和亚洲的良好中转港。

得益于特殊的地理位置，希腊比港既能为海上贸易提供运输便利，又可以通过铁路连通中欧陆海快线和匈塞铁路直达中东欧腹地，是 21 世纪"海上丝绸之路"通往中东欧的门户，也是 21 世纪"海上丝绸之路"西端的一座枢纽港。

希腊经济与工业研究所发布的报告预计，到 2025 年，比港项目将为希腊财政增收 4.747 亿欧元，创造 3.1 万个就业岗位，使希腊国内生产总值提高 0.8 个百分点。

21 世纪"海上丝绸之路"上的点由码头构成，线则要靠集装箱航线来串联。中远海运董事长许立荣说，中远海运优化全球战略布局，形成了大集装箱航运、大码头运营的概念，为 21 世纪"海上丝绸之路"的建设提供了强有力的保障和支持。

2017 年 5 月 8 日，中远海运比雷埃夫斯港口有限公司外景。

接管之初困难重重

2008 年，全球金融危机爆发，以航运业和旅游业为主的希腊经济遭受了前所未有的冲击，希腊比港的集装箱吞吐量骤然下滑。2008 年的集装箱吞吐量由 2007 年的近 140 万箱骤然降至 40 多万箱。①

希腊比港二、三号集装箱码头特许经营权协议签署之际，正值这一灾难性时刻。希腊对中远集团在这样的经济形势下能否履约有很大疑虑，一些业内人士对中远集团接手比港的发展前景也表现出不小的担忧。

然而，中远集团在接手比港之后所遇到的经营困难，远不止这些。

地处欧洲东南角的希腊，是一个高福利国家，在金融危机影响下，失业率居高不下。2013 年 9 月，希腊失业率达到 27.9% 的峰值，成为困扰希腊政府的一大难题。希腊比港港务局的码头工人属于公务员，拿着丰厚的薪水，生活相当悠闲，对企业的盈亏根本不关心，稍不如意就会举行罢工。

2009 年 10 月和 11 月期间，为了增加福利待遇以及与比港港务局谈判的筹码，码头工会组织工人连续举行了多次罢工，这些罢工致使港口瘫痪，无船舶作业，严重影响了码头的正常经营。

根据中远集团与比港港务局签署的特许权经营协议，尽

① 中远海运史编纂组：《中国远洋海运发展史（第四卷）——中远发展史 2005—2015》，2019 年 2 月（征求意见稿），第 272 页。《中远海运史系列丛书》，拟由人民交通出版社出版。

管从法律层面上讲，中远集团从 2009 年 10 月 1 日起已正式接管了码头，但公司的管理权仍处于过渡期。在此期间，码头的经营管理权仍在比港港务局手中，中远集团无权过问新码头的管理和业务，却要承担所有经济责任。

2010 年 2 月，希腊码头工人为反对国家私有化进程，举行了长达十几天的罢工。一些受煽动的工人害怕中远集团和涌入的中国工人抢了他们的饭碗，甚至提出要"中远回家去"。

由于罢工问题持续得不到解决，一些货运公司陆续将在比港挂靠的航班转往其他国家的港口，比港集装箱码头的吞吐量大幅下滑。2010 年 5 月，在中远集团即将全面接管比港二号码头之际，部分码头工人为了保住自己的饭碗、继续享受高福利，连续多日堵住港区大门，不让中远集团的员工进入码头工作。

"要站在巩固和发展中国与希腊友好合作关系的战略高度，经营好这个项目。"在中国政府有关部门的支持下，中远集团与希腊政府和比港港务局进行了多次艰苦谈判，动用了相关法律手段，最终使码头工会的罢工问题得到了解决。

濒临绝境后的浴火重生

取得比港的经营权，意味着中远集团成功打入了难度较大、门槛较高的欧美发达国家市场，但这只是万里长征的第一步。接下来，除了应对航运市场的外部竞争外，如何在希腊站稳脚跟，弥合政治体制、法律制度和文化方面的差异，都是中远集团需要考虑的问题。

为了进一步增进希腊民众对中国公司的信任，加强沟通和了解，时任中远集团总裁魏家福请求国务院新闻办出面，在2010年5月邀请希腊主流媒体到中国访问。

在希腊主流媒体代表参观完中远集团总部及上海、南沙等中国先进港口后，魏家福接受了他们的专访。在专访中，魏家福向希腊工人郑重承诺，中方只派高管到希腊从事管理工作，好把中远集团先进的管理理念带过去，而不会从中国带去一名工人，全用希腊当地工人，为希腊创造就业机会。

借助希腊主流媒体的声音，互利共赢的中方承诺，被世界主流媒体纷纷转载。2010年，希腊当地时间6月1日零点，由7名中远集团管理人员和7名希腊当地经理组成的管理团队，完成了对希腊比港二、三号集装箱码头的全面接管。

这原本是一个值得纪念的好日子，但也正是从接手的当天开始，比港码头遇到了前所未有的挑战，陷入了绝境……

5月31日深夜，原比港港务局的工人各装卸了100多个箱子，但未能如实地将相关数据输入电脑，致使系统数据不全，电脑程序紊乱，从而导致卸船的箱子在堆场无处可放，而要装船的箱子在堆场又无法找到，装卸效率降至每工班每小时只有四五个自然箱，船舶压港问题严重。①

中远集运和地中海航运的几艘干线船在泊装卸时间超过4天，最长的在港滞留时间长达7天，港区外的卡车排起长龙，

---

① 中远海运史编纂组：《中国远洋海运发展史（第四卷）—— 中远发展史2005—2015》，2019年2月（征求意见稿），第273—274页。该丛书拟由人民交通出版社出版。

堵塞公路 5 公里以上。这让不少船公司非常恼火。抗议、要求赔款等通知纷至沓来……

20 天内，原来在码头进行装卸作业的 28 家船公司纷纷离去，只剩下中远集运和以色列航运两家公司，货源急剧流失，经营濒临绝境……面对船舶压港严重、码头无法正常作业的状况，中远海运比雷埃夫斯集装箱码头公司管理层果断做出决定：停止码头的集装箱作业，手工盘存整个码头的近万个集装箱，对码头操作系统进行彻底更新。

150 多名中希员工经过近 30 个小时连夜奋战，才使港口的操作恢复正常。此后，与比港港务局经营的一号码头经常遭遇罢工相比，中远海运比雷埃夫斯集装箱码头公司经营的二号码头从中方接管以来，再也没有遭遇过罢工。有时，码头的大门会被工会封堵，但部分员工会赶在封门之前进入码头，有的甚至乘坐小艇想方设法进入码头，给不少船公司留下了深刻印象。

播撒中国温情的本土化运营

中远海运比雷埃夫斯港口有限公司总裁傅承求在接受采访时说，中远海运来到希腊，既是为了自身发展，也会增进中国与希腊的友谊。中远海运为解决当地的就业问题做出了突出贡献，中远海运运营的比港码头一共有 276 名员工，但为公司提供外包劳务的工人超过 1 200 名，中方只有管理人员 7 名。2017 年，中远海运在希腊的 3 家公司为当地直接创造工作岗位 2 600 个，间接创造工作岗位 8 000 多个。

为提高码头的装卸货效率，中远海运在接管比雷埃夫斯集装箱码头之后，从中国南沙港及泉州港选调了4名业务精湛的桥吊司机，对比港码头的工人进行了技术指导和培训。

在中方技术人员的指导下，短短几个月，比港码头的装卸货纪录屡屡被打破，还出现了每工班每小时34.5个自然箱的比港最高纪录。此外，通过对客户进行分类管理，提供差异化服务，科学指导各类客户按时段到码头提货，港区交通得到有效疏通，客户排队的时间大大缩短。

多措并举，全面提升，没过多久，比港码头的效率就不断提升，一度离开比港集装箱码头的船公司，又重新回到了比港码头。在整个比港港口的29家船公司中，28家船公司都表示，愿意与中远海运加强合作。

走在希腊首都雅典的街道上，如果你问"China"，可能会有人说不清楚，但要是你问"COSCO SHIPPING"，几乎所有人都知道。海外多年的辛勤耕耘，让中远海运成为深受希腊人民喜爱的中国名片。

希腊比港的码头周围没有方便员工就餐的餐馆，一些员工只能自带午饭，很不方便。港区中方管理人员在了解情况后，决定由公司为员工提供免费午餐，并由员工成立专门的组织，实行自我管理。这种中国式的温情拉近了管理人员与希腊本土工人之间的距离。

每年的圣诞节，港区的中方管理人员都会邀请员工带着孩子到公司参加聚会，并为孩子们准备圣诞节礼物。此外，公司每年还会评选出4名"洋劳模"，为他们提供一周免费去中国旅游的机会，让希腊员工更好地了解中国人民和中国文化。

最近这些年，受债务危机影响，希腊经济不断衰退，人民的经济和生活压力很大。不少希腊员工没有储蓄的习惯，往往在每月工资发放之前，就会遇到资金周转困难的情形。对此，公司特事特办，允许员工预支部分工资，帮助他们渡过暂时的难关。

2017年5月8日，中远海运比雷埃夫斯港口有限公司总裁傅承求（右）接受作者（左）专访。

傅承求说，中远海运来到希腊，既是为了自身发展，也会增进中国与希腊两国的友谊。中远海运为解决当地就业问题做出了突出贡献，这对希腊摆脱债务危机、恢复经济具有重要的意义。

润物细无声。这些饱含中国温情的便民举措，让希腊员工深深感受到了来自中国公司的诚意和温暖，拉近了心与心之间的距离，并使他们逐渐意识到，只有中国公司更好地发展，他们才能获得更好的生活保障。

中欧陆海快线：延伸的合作共赢

据统计，目前，中国与欧洲之间的货运，大约 80% 是通过海路运输的。21 世纪"海上丝绸之路"是中国与欧洲的贸易通道，而中欧陆海快线是贯穿亚欧的新型海陆联运通道，将 21 世纪"海上丝绸之路"延伸至欧洲内陆国家。

2014 年，李克强总理在贝尔格莱德会见塞尔维亚、匈牙利和马其顿三国总理，各方承诺共同打造中欧陆海快线。中欧陆海快线南起比港，北至匈牙利布达佩斯，共经过马其顿和塞尔维亚等 9 个国家，直接辐射 7 100 多万人口。

在中欧陆海快线上，中远海运充分发挥希腊比港的枢纽港作用，以比港为中转节点，通过集装箱运输、码头中转、物流仓储等板块的协同，将中欧陆海快线与中远海运的亚欧主干航线相连，打造了中欧海铁联运服务品牌。

在比港码头保税区内，中远海运新建的保税仓库和拼箱中心占地 25 000 平方米，可以为客户提供全面专业的延伸增值服务。无论是普通货物、危险品，还是冷藏、冷冻货物，都可以在这里经过报关、拆箱、分拣、仓储、换装、拼箱，被高效、保质保量地配送到客户所指定的中欧内陆门点。

中欧陆海快线开通后，货物从比港转运至马其顿、保加利亚、罗马尼亚、塞尔维亚等巴尔干半岛国家仅需 1～2 天，至匈牙利、奥地利、捷克、斯洛伐克等中欧四国仅需 3～4 天，至波兰、德国南部仅需 4～5 天。比起传统的经由德国汉堡港和斯洛文尼亚共和国科佩尔港的中转路径，中欧陆海快线的全程运输服务，使交货期足足缩短了 7～11 天，是目前中国与欧洲之间最短的海运航线，为客户节省了可观的运输时间和现金成本。

2017 年 5 月 8 日，两艘豪华邮轮靠泊在希腊比港码头。

2016 年 10 月 3 日，中远海运比港邮轮码头新泊位启用。中远海运董事长许立荣和希腊旅游部长库图拉等官员出席启用仪式。库图拉表示，邮轮码头新泊位的启用，将进一步提升比港对邮轮游客的接待能力，为希腊旅游业乃至整个经济发展注入活力。

　　为进一步打造以希腊比港为枢纽的中欧陆海快线，从 2017 年起，中远海运在中欧集装箱航线上开通直挂希腊比港的中欧快捷航线，投入 30 多艘 7 000～13 000 标准箱的集装箱船舶，定期往返于亚洲与地中海之间，提供从天津、大连、青岛、上海、宁波等中国城市至希腊比港的运输服务，以运输市场上最快的船期，连接中欧陆海快线。

　　自 2013 年"一带一路"倡议提出以来，中远海运大力推进以希腊比港为基地的中欧陆海快线建设，深入中东欧腹地，开辟了中国与东欧之间的物流新通道。

统计数据显示，2018 年，中欧陆海快线累计完成运货量 5.1 万标准箱，同比增长 27%，客户数量由 2016 年的 3 家增加到 635 家。发班率大幅增长，由 2016 年的每周 5 班次增加到目前每周 12 班次。

与此同时，中欧陆海快线的覆盖面大幅增长。从最初的比港到捷克单一服务产品扩大到多元化铁路服务产品，覆盖面扩大至希腊、马其顿、塞尔维亚、匈牙利、保加利亚、罗马尼亚、奥地利、斯洛伐克、捷克共 9 个国家，并通过拖车覆盖 1 500 个内陆点。

希腊比港，这扇欧洲的南大门已经开启，随着中欧陆海快线建设的稳步推进，这一线路的优势会更加凸显。

可以预见，21 世纪"海上丝绸之路"与中欧陆海快线的进一步对接和发展，将产生倍增效应，拓宽沿线国家的经贸往来，延展中国与欧洲国家的合作共赢。

第三节 古希腊人：历史回廊中的"海上民族"

希腊位于巴尔干半岛的南端，是欧洲古代文明发源地，而希腊的古代文明则是在大海中孕育出来的。

在柏拉图的《斐多篇》中，苏格拉底说，希腊人生活在大海的周围，就像蚂蚁和青蛙生活在池畔。这形象地说明了古希腊人与大海之间的关系。[①]

2 500 多年前，当中国春秋时期的齐景公在渤海和黄海海域留下航行记录时，古希腊城邦雅典的商船便已经穿梭于地中海沿岸，并在随后进行了扩张性的海外贸易。古希腊人也因此被称为"海上民族"。

希腊三面临海，海岸线长，岛屿与港湾众多，这就使古希腊人在航海时，通过肉眼观察便可以把远处的岛屿作为航标，不易迷失方向。特殊的地理环境，优良的港湾条件，让希腊的航海业和海上贸易非常发达，为古希腊文明奠定了坚实的基础。

穿越红海，"中远荷兰"号沿地中海北行，抵达此次中欧之行的第一座欧洲港口——希腊比港。与往常一样，海员们谨慎细致地做好了一切靠港准备。

临近港区，已是 2017 年 5 月 6 日夜里。灯光点缀下的比港之夜，仿佛正在演绎一部延续千年的希腊神话。回望 15 世纪，随着大航海时代的到来，欧洲殖民者开始逐渐乘船走向世界，寻找财富，与之相伴的是残酷的殖民掠夺，后者给殖民地人民带来了巨大灾难。

中国和希腊都是毗邻大海的古老国家，有着悠久的航海历史。

海洋日益成为不同文明开放包容、交流互鉴的桥梁和纽带。21 世纪"海上丝绸之路"从中国延伸至欧洲，打造的是

---

① 白春晓：《海洋与古希腊文明》，载《光明日报》，2013 年 2 月 21 日。http://epaper.gmw.cn/gmrb/html/2013-02/21/nw.D110000gmrb_20130221_1-11.htm

一种开放包容、共同发展、和谐共生的和合文化。中国倡导的这条致力于互利共赢、共同发展的道路，注定是一条不同于传统西方海上列强的海洋文明之路。

最佳的防御在"木墙"

早期的海洋文明以繁荣的海洋商业贸易和海外殖民运动为主要特征。海外殖民活动带动了希腊城邦的崛起。在希腊向外殖民的过程中，为了防范被殖民者报复，希腊需要筑城聚居，这便演变成了希腊人后来称之为城邦的"波利斯"。

大约从公元前 1050 年起，希腊人驾船出海，对爱琴海东面的小亚细亚进行殖民，建立了米利都、以弗所等重要城邦。到了公元前 8 世纪中期，希腊人开始向海外大规模殖民，大概持续了两个多世纪，直到大约公元前 500 年才结束。[①]

经过殖民运动的洗礼，在迅速崛起的希腊城邦中，雅典成为佼佼者，另外一个重要城邦是斯巴达。武汉大学著名的历史学者白春晓认为，雅典的强盛，与其重视发展海上军事力量是密不可分的。

希波战争爆发后，波斯人于公元前 480 年直逼雅典。面临强敌，雅典派使者到德尔斐神庙祈求神谕，寻求破敌之法。在希腊的德尔斐神庙中，供奉的是阿波罗神。阿波罗神是希腊神话中的太阳神，代表光明和理性，可以破解人生谜题。

---

① 白春晓：《海洋与古希腊文明》，载《光明日报》，2013 年 2 月 21 日。http:// epaper.gmw.cn/gmrb/html/2013-02/21/nw.D110000gmrb_20130221_1-11.htm

神谕说，雅典最佳的防御是"木墙"，可以保卫雅典人及其子孙。

当时，雅典杰出的海军统帅塞米斯托克利斯认为，希腊的未来在海上，神谕中所说的"木墙"，指的就是他们的战船和海军，并且他坚信，希腊可以击败强大的波斯军队。

由于希腊的海上力量有限，于是，塞米斯托克利斯建议放弃雅典城，将妇女儿童撤到伯罗奔尼撒半岛，所有的成年男子则被分配到战船上，以引诱波斯海军前来狭长而不规则的萨拉米斯海峡，争取获胜机会。

2018 年 5 月 8 日，拍摄于雅典卫城遗址。早期的海洋文明以繁荣的海洋商业贸易和海外殖民运动为主要特征。海外殖民活动带动了希腊城邦的崛起。在迅速崛起的希腊城邦中，雅典成为佼佼者。

波斯大军压境，形势危急。被逼到绝境的雅典海军，利用熟悉地形和航情的长处，发挥战船体积小、速度快、在狭窄海湾机动性强的优势，重创波斯舰队，上演了以弱胜强的神话。波斯战船大而笨重，在狭窄的海湾运转困难，前进不得，后退无路，自相碰撞，乱作一团，遭遇惨败。

萨拉米斯海战开启了雅典的黄金时代。希腊，尤其是雅典，在希波战争后进入鼎盛时期。凭借强大的海军，雅典逐渐成为爱琴海地区的霸主，几乎每年都派出舰队，向其他城邦征收贡赋。

通过海外贸易和收缴贡赋而来的财富，雅典人除进行大规模城市建设外，还给平民发放津贴，支持平民参加城邦政治活动。坚实的经济基础，促进了哲学、文学、科学、艺术的全面繁荣，使雅典成为希腊的文化中心，在欧洲文明史上留下了永恒的印记。

欧洲海洋文明之殇

塞米斯托克利斯对德尔斐神庙神谕的解释，以及他对"雅典人的未来在海上"的判断，对希腊乃至整个欧洲产生了深远影响。

在过去500多年中，一个又一个欧洲海洋强国先后登上了世界历史舞台，成为叱咤风云的主角——16世纪的葡萄牙和西班牙，17世纪的"海上马车夫"荷兰，19世纪的"日不落帝国"英国。

不难发现，这些国家既曾是世界大国，也曾是海洋强国。繁荣的海洋国际贸易是西方文明中由来已久的传统，一旦这些国家丧失了在海洋上的主导权，其大国地位也会随之崩塌。由此可见，海洋文明的兴起与国家的崛起之间存在密切联系。

2017 年 5 月 8 日，拍摄于雅典卫城遗址。"最佳的防御是'木墙'"，雅典海军统帅塞米斯托克利斯认为，希腊的未来在海上，"木墙"就是他们的战船和海军。

16 世纪，英国私掠船船长沃尔特·雷利（约 1552—1618 年）就曾说过，谁控制了海洋，谁就控制了世界贸易；谁控制了世界贸易，谁就控制了世界的财富，最后也就控制了世界。

对一些欧洲国家而言，海洋文明的本质就是向外扩张和殖民，即通过发展对外贸易和暴力掠夺等方式，积累原始资本，满足国家生存和发展的需要。因此，从一开始，欧洲的海洋文明就带有血腥的"原罪"。

正如中国人民大学特聘教授王义桅在《海殇？：欧洲文明启示录》中所说，欧洲海洋文明的三大"原罪"是：开放而不包容、对内多元对外普世、进取与破坏相伴而生。这是欧洲的基因，也是欧洲逐渐衰落的根源。

在王义桅教授看来，欧洲的衰落源于欧洲海洋文明的危机。海洋文明的基因曾使欧洲获得近代以来的领先优势，创造了"欧洲中心论"的神话。然而，过度的扩张和殖民，给欧洲大陆带来了不可承受之重。直至近些年，欧洲大陆渐渐走向衰落，国际地位和影响力随之下降。然而，令世界瞩目的是，中国海洋强国的基因正在复苏。

海洋强国的基因复苏

德国著名古典哲学家黑格尔在其著作《历史哲学》中认为，在中国，海只是陆地的中断，陆地的天限，中国"和海不发生积极的关系"。很久以来，黑格尔的"中国没有海洋文明""和海不发生积极的关系"的论调在学术界应者甚众。

实际上，这种观点存在误解。早在 2 000 多年前，中国著名的思想家、法家代表韩非子就提出了"历心于（重视）山海而国家富"的思想。史料记载，早在公元前 2 世纪的汉武帝时代，中国人就通过航海实践发现了南沙群岛，并将包括南沙群岛在内的南海诸岛泛称为崎头。

唐宋以来，中国古人已在南沙群岛生活，从事捕捞等生产活动。宋代中国将南沙群岛命名为万里石塘。明朝伟大的航海家郑和七次下西洋，被认为是中国古代海上活动的最高峰，也是中国海洋文明随时间演进而不断丰富的真实写照。

当然，需要承认的是，尽管中国古代有驰名中外的"海上丝绸之路"，但"重陆轻海"和"重农抑商"的观念，长期占据着中国历史上大多数封建统治者的头脑。

进入大航海时代后，海洋上到处留下了欧洲人的足迹。然而，中国的统治阶级实行海禁政策，"寸板不许下海"，严重打击了海洋经济和海洋贸易，中国与海洋强国失之交臂，逐渐落后并在西方列强的坚船利炮之下沦为半殖民地。

进入 21 世纪后，在欧洲传统海洋文明衰落的大背景下，中国提出建设 21 世纪"海上丝绸之路"，倡导与沿线国家共同发展、互利共赢，打造一种开放包容、互学互鉴的新型海洋文明。

这种和合共生的新型海洋文明，既是对中国古代"海上丝绸之路"的精神传承，也是在新的时代背景下的一种创新，探寻的是一条不同于传统西方列强进行殖民扩张和对抗冲突的新路。

倡导共建 21 世纪"海上丝绸之路"，秉承共商、共建和共享原则，这彰显的是中国对世界的贡献和担当，在助力实现海洋强国的过程中，中国将推动一种新型的全球化，实现人海合一、和谐共生的可持续发展。

第四节　增强海洋意识，重塑强国文明

航海是勇敢者的职业，海员则演绎着大海上的荣耀。

据统计，海运业承担了中国 90% 以上的外贸货物运输量，对国民经济的安全运行发挥着不可替代的作用。尤其是在我国原油对外依存度逼近 70%、铁矿石对外依存度超过 60% 的

情况下，海运业对国家的重要性进一步凸显，是关系到国家安全和国民经济命脉的战略性服务产业。

"我们不仅是'海上丝绸之路'的'骆驼客'，更是国家'一带一路'的实践者和耕耘者，我们从没有如此热血沸腾，我们感到无限荣光。"

2017 年 5 月 14 日，中国首届"一带一路"国际合作高峰论坛开幕当天，"中远荷兰"号靠泊荷兰鹿特丹港。海员们见证了"一带一路"国际合作高峰论坛的胜利开幕。

《2017 年中国船员发展报告》数据显示，截至 2017 年年底，全国注册船员总数为 148.32 万，其中包括内河船员和海船船员。[①] 而业内的统计数据显示，目前还从事国际运输的海员仅有 30 万人。

最近几年来，中国海员的整体收入水平有了一定程度的提高，但与国际同行相比，实际收入仍存在一定差距。

由于海员职业的特殊性和艰苦性，这一职业的吸引力有所下降，一些老海员甚至萌生了"弃船上岸"的念头。

在建设 21 世纪"海上丝绸之路"、坚持陆海统筹、加快推进海洋强国建设的新时代背景下，如何加强海员队伍建设，提高海员队伍的专业化和国际化水平，筑牢海员扎根海洋的根基，增强普通民众的海洋意识，发扬海洋强国精神，值得探讨。

---

① 中华人民共和国交通运输部新闻办公室：《2017 年中国船员发展报告》，2018 年 6 月，第 2 页。

扎根海洋的严峻考验与思想定力

海员是建设海洋强国的基础力量，是具有战略意义的人力资源。没有一支稳定的、高素质的海员队伍，建设"海运强国"就会成为无源之水、无本之木，建设"海洋强国"更是无从谈起。

但不能忽视的是，海员是国际公认的一种特殊艰苦职业和高危职业。相对封闭的船舶工作环境，长时间在海上漂泊，对亲人的思念，不时来袭的风浪潮涌容易使人消沉，抵离港口时的繁忙、随时出现的设备报警又极易让人精神高度紧张，海上突发疾病的救治困难……特殊的工作环境和突发情况，不断考验着海员们扎根海洋的定力。

远洋海员经常穿梭于不同国家和海域之间，在与不同国家的海事部门和当地民众打交道的过程中，在领略不同国家的海洋人文和遵守相关法律规定的同时，也会有一些自己的感悟。

"中远荷兰"号助理政委蔡团杰说，欧美一些国家的检查官做事非常干练，对相关危险品和环保等事项的查验非常严格。他们一旦发现有违规之处，就会予以严厉处罚，他们严格遵循相关程序，更不会接受任何人情接待。

他举例说，德国和比利时等一些欧洲国家在通关手续、服务海员方面做得比较到位。船舶靠泊德国汉堡港期间，在进出航道过程中，港口有一处会专门播放经航船舶所在国的国歌，以示欢迎及对船舶所属国的尊重。

此外，在港口设立的海员俱乐部负责免费接送海员。只要象征性地花 1 欧元，海员们便能在俱乐部享受到喝咖啡、上网和运动健身等便利。蔡政委说，海员"下地"购物时，商场的服务人员也很热情，正在结账的当地民众也会自觉让开，让海员排在前面。总之，当地民众非常尊重海员，对海员很友好。

"反观我们自己，不得不承认，在健全相关的规章制度、完善服务设施、科学依法执纪等方面，还存在一定差距。举一个简单的例子，我们在上海外滩可以看到身着海员服的外国海员，但基本看不到身着海员服的中国船员。"

这是为什么呢？这种强烈的反差，实际上与中国海员的社会地位不高、民众的海洋意识不强等有关。

为保护海员的身心健康，《国际海事劳工公约》规定，海员每次在船连续工作不得超过 10 个月（通常为 6 到 8 个月）。因此，海员不可能全年在船，不在船期间，整个家庭就会失去主要的收入来源。一些海员由于常年在外工作，不少海嫂需要照顾父母和孩子，只能做全职家庭主妇，整个家庭只能依靠海员一个人的收入来支撑。

因此，一些专家建议，应该在国家政策层面给予海员适当支持和倾斜，例如，减免海员的个人所得税，海员所在的航运公司也提高海员的相应福利和待遇等。

蔡政委说，希望整个社会能增强海洋强国的意识，充分认识到海员对国家发展的重要意义，从而激励更多优秀的人才热爱和服务于海洋事业，为建设海洋强国贡献自己的力量。

海员队伍建设的重要意义和紧迫性

由于职业和工作的特殊性，海员大部分时间无法享受公民在陆地居住应该享受的公共服务。国际劳工组织一直在推动各国保护海员的基本权利，改进海员的工作和生活条件。

2006 年，第 94 届国际劳工大会通过的《2006 年海事劳工公约》倡导"体面劳动"原则。公约认为，海员不仅应享有基本的权利，还应基于航运业全球性的特点得到特殊保护。海员因此成为世界上唯一设定了全球最低工资标准的行业。

远洋运输行业是建设 21 世纪"海上丝绸之路"的关键载体之一。强大的远洋运输能力，不仅是国家经济健康发展、外贸物资进出畅通的重要保障，也是国家海洋资源开发、海洋生态环境保护、海洋权益维护和海洋经济发展的重要支撑。

海员是远洋船舶的实际管理者和操作者，是远洋运输船队的核心内容。随着科学技术的进步，远洋船舶的大型化和高科技化趋势明显，船舶的操作和管理也日趋复杂，这对海员队伍的素质提出了更高的要求。

在国际航运业的激烈竞争中，海员队伍素质的高低，也越来越成为关键性因素。毫不夸张地说，海员队伍是中国航运业核心竞争力的重要组成部分，也是中国从"海运大国"向"海运强国"转变的战略性资源。

正是因为职业的特殊性和工作的重要性，不少航运大国都给予了海员必要的政策扶持，减免海员的个人所得税就是航运大国的惯例之一。瑞典、新加坡和菲律宾等国免征海员个人所得税。日本对本国海员在陆地取得的收入计征个人所得税，但对在海上发放的补贴则不予征税。在英国，本国海员若在一个日历年度内，离开本国在外航行超过 183 天，则免征个人所得税。

针对海员的个人所得税减免问题，有关部门正在进行调研，但目前政策尚未出台。近年来，与其他职业相比，海员这一职业的比较优势有所下降，海员队伍建设的压力大，前景不容乐观，这与中国建设 21 世纪"海上丝绸之路"和加快推进海洋强国建设的要求不匹配。

业内人士表示，远洋海员的队伍建设是一项基础性工作，减免海员的个人所得税是一个具有代表性的问题，受到包括船公司和海员在内的中国航运业的高度关注，直接关系到中国海员队伍的整体建设。

专家建议，应从国家层面出台相应的税收优惠政策，推动海员的个人所得税问题的解决。这个问题的逐步解决，既有助于中国海员队伍的建设和中国远洋运输事业的发展，也将有助于 21 世纪"海上丝绸之路"和海洋强国战略的稳步实施和推进。

具体而言，专家建议，考虑到海员职业的特殊性，可参照国际惯例，减免海员在航行期间工资薪金的个人所得税。或者，考虑到管理级高级船员队伍（船长、政委、轮机长、大副、大管轮等 5 种职务）的稀缺性，可设立免征个人所得税的高级船员特殊津贴。

国民海洋意识的培育和增强

随着海洋强国战略地位的不断提升，我国普通民众日益关心海洋、爱护海洋，海权意识也有明显提升。但与世界主要海洋强国相比，我国仍存在公众海洋观念和意识落后、海洋知识匮乏等短板。

坚持陆海统筹，加快建设海洋强国，不仅需要强大的海洋经济、军事、科技等硬实力的支持，也离不开海洋意识、海洋文明等软实力的支撑。

然而，海洋意识的培养，对中国普通民众而言，是一个漫长的过程。长期以来，中国的封建统治阶层只是从"兴渔盐之利、仗舟楫之便"的视角看待海洋，重陆轻海，重农抑商，缺乏从战略高度认识海洋的重要性，从而使中华民族错失了海洋发展的历史机遇。

在 15 世纪的大航海时代，多个欧洲国家向海发展，拓展海洋空间，利用海洋资源先后崛起，成为世界强国，其中比较突出的是位于欧洲西南角的葡萄牙。葡萄牙当时国土面积不大，人口不多，土地贫瘠，但航海技术和造船业却很发达。

同一时期的中国，随着明朝政府最后一次大规模远洋航行——郑和第七次下西洋的结束，封建统治者实施大规模海禁政策并延续至近代，唐宋时期一度兴盛的海上贸易成为历史。在中国国家海洋局局长王宏看来，中华民族在历史上错失了海洋意识觉醒的机遇。

在 18 世纪第一次工业革命的背景下，美国海军战略家马汉的"海权论"掀起了建设现代海军的热潮，西方国家纷纷发展海上力量，控制了重要的海洋运输和贸易通道，走上了现代化的发展道路。

但当时的中国，却处于一种有海无疆、有海无防、有海无军、有海无权的落后状态，步入了近百年遭受西方列强海上入侵和蹂躏的屈辱历史。[①] 在王宏看来，中国也因此错失了海权意识觉醒的机遇。

历史是一面镜子，鉴古可知今。世界海洋强国的发展历程不断告诉世人：向海则兴，背海则衰。当前，海洋已成为连接中国与世界的一条蓝色纽带，中国的经济形态和开放格局呈现出前所未有的"依海"特征：高度依赖海洋的开放型经济。

党的十八大报告提出了建设海洋强国的目标。2013年，习近平总书记先后提出了建设丝绸之路经济带和21世纪"海上丝绸之路"的宏伟蓝图，我国的海洋事业迎来了难得的历史机遇。2017年，党的十九大报告进一步提出，要坚持陆海统筹，加快建设海洋强国。

在中国国际问题研究院特聘研究员贾秀东看来，坚持陆海统筹，加快建设海洋强国，对维护中国的国家主权、安全和发展利益，对实现全面建成小康社会的目标，实现中华民族伟大复兴具有重大而深远的意义。[②]

中华民族的海洋意识，开始于历史悠久的耕海牧渔和扬

---

① 王宏：《增强全民海洋意识　提升海洋强国软实力》，载《人民日报》，2017年6月8日。http://www.cssn.cn/dzyx/dzyx_llsj/201706/t20170608_3544044.shtml

② 贾秀东：《中国为何要做"海洋强国"？》，载《人民日报》（海外版），2018年6月27日。http://www.rmlt.com.cn/2018/0627/522009.shtml 2018-06-27

帆远航，传承于近代艰苦卓绝的海洋开发实践，也终将兴盛于坚持陆海统筹、加快建设海洋强国的伟大征程中。

重塑国民的海洋意识，具有极其重要的时代意义。国家海洋局局长王宏认为，首先，要树立陆海统筹的海洋国土意识，改变过去以陆看海、以陆定海的传统观念和思维，使海洋国土观念深植于全体公民，尤其是各级决策者的意识之中。① 也就是说，要树立"蓝色国土"意识，将陆地和海洋看成一个有机整体，实现陆海一体化发展。

其次，要树立依海富国的海洋经济意识，改变过去单一的海洋产业思想，树立大海洋经济思维，建立现代海洋经济体系，增强陆域经济和海域经济的联动，提升海洋及相关产业等对国民经济和社会发展的贡献率，完善现代海洋产业体系，使海洋经济成为推动国民经济发展的一个重要引擎，以及新的经济增长点和竞争优势。

再次，要树立与海为善的海洋生态意识，把海洋生态文明建设摆在更加突出的位置，要让"像保护眼睛一样保护海洋生态环境，像对待生命一样对待海洋生态环境"的海洋环保意识深入人心。也就是说，树立新型海洋生态观，促进海洋绿色可持续发展。

此外，要增强守海有责的海洋权益意识。这就要求我们充分认识到中国海洋安全和维权形势的严峻性，在坚定维护国家海洋权益的同时，也要形成和扩大和平解决海洋争端的

---

① 王宏：《增强全民海洋意识　提升海洋强国软实力》，载《人民日报》，2017 年 6 月 8 日。http://www.cssn.cn/dzyx/dzyx_llsj/201706/t20170608_3544044.shtml

共识。换句话说，要统筹海洋权益维护和海洋发展，坚持走和平发展的道路，但也绝不放弃正当权益，牺牲国家核心利益。

最后，要秉承和谐包容的理念，增强海洋合作意识。要传承和发扬以"和平合作、开放包容、互学互鉴、互利共赢"为核心的丝路精神，打造命运相连的海洋发展共同体，推动全人类海洋事业的持续发展。[①]

纵观历史，放眼全球，世界海洋强国无一不极其重视海洋意识的培育，强化海权，经略海洋。让更多的中国民众认识海洋、热爱海洋、亲近海洋，不仅能助推 21 世纪"海上丝绸之路"建设，也能够为坚持陆海统筹、加快推进海洋强国建设提供强大的思想支撑和精神动力，激发民众的行动自觉，凝聚起建设海洋强国的磅礴力量。

---

① 王宏：《增强全民海洋意识　提升海洋强国软实力》，载《人民日报》，2017 年 6 月 8 日。http://www.cssn.cn/dzyx/dzyx_llsj/201706/t20170608_3544044.shtml

第六章

海洋世纪：强国之路的探寻

　　海洋是生命的摇篮、资源的宝库，也是推动经济社会发展、参与国际竞争的战略要地。向海而兴，向海图强，建设海洋强国，对推动中国经济的持续健康发展，维护国家主权、安全和发展利益，实现中华民族的伟大复兴都具有重大而深远的意义。业内人士指出，加快建设海洋强国，要以海洋科技为先，做强海洋经济体系，保护海洋生态环境，深化全球海洋治理，扩大蓝色"朋友圈"，携手共建海洋命运共同体。

希腊比港是"中远荷兰"号在欧洲靠泊的第一座港口，接下来它将前往荷兰鹿特丹、德国汉堡、比利时安特卫普，从欧洲搭载货物后返回始发港——中国天津港，完成它此次2.3万余海里的航程。

　　中远海运比雷埃夫斯集装箱码头公司运营的二、三号码头，机械化和自动化程度高，装卸货的效率极高。只用了不到半个晚上，"中远荷兰"号的装卸货工作便已全部完成。大副李红兵说，"中远荷兰"号将于2017年5月7日11点左右从比港起锚，继续它的欧洲之行。

　　作为随船记者，我的采访任务在希腊比港暂告一个段落，但对依海富国、以海强国的探索和追寻才刚刚开始，而中国携手沿线国家共建21世纪"海上丝绸之路"的伟大征程正不断走深走实，加快推进建设海洋强国的步伐也正铿锵有力……

　　2013年7月30日，中央政治局就建设海洋强国进行第八次集体学习。中共中央总书记习近平在主持学习时指出，要提高海洋资源开发能力，着力推动海洋经济向质量效益型转变。发达的海洋经济是建设海洋强国的重要支撑。要提高海洋开发能力，扩大海洋开发领域，让海洋经济成为新的增长点。①

在这次集体学习的重要会议上，习近平总书记指出，要发展海洋科学技术，着力推动海洋科技向创新引领型转变。建设海洋强国，必须大力发展海洋高新技术。要依靠科技进步和创新，努力突破制约海洋经济发展和海洋生态保护的科技瓶颈。

他强调，要保护海洋生态环境，着力推动海洋开发方式向循环利用型转变。要下决心采取措施，全力遏制海洋生态环境不断恶化的趋势，让海洋生态环境有明显改观，让人民群众吃上绿色、安全、放心的海产品，享受到碧海蓝天和洁净的沙滩。

同时，习近平总书记指出，要把海洋生态文明建设纳入海洋开发总布局之中，坚持开发和保护并重、污染防治和生态修复并举，科学合理开发利用海洋资源，维护海洋自然再生产能力。要从源头上有效控制陆源污染物入海排放，加快建立海洋生态补偿和生态损害赔偿制度，开展海洋修复工程，推进海洋自然保护区建设。

要维护国家海洋权益，着力推动海洋维权向统筹兼顾型转变。中国爱好和平，坚持走和平发展道路，但决不能放弃正当权益，更不能牺牲国家的核心利益。要统筹维稳和维权两个大局，坚持维护国家主权、安全、发展利益相统一，维护海洋权益和提升综合国力相匹配。要坚持用和平方式、谈

---

① 《习近平：进一步关心海洋认识海洋经略海洋 推动海洋强国建设不断取得新成就》，载新华网，2013 年 7 月 31 日。http://www.xinhuanet.com//politics/ 2013-07/ 31/c_116762285.htm

判方式解决争端，努力维护和平稳定。

习近平总书记指出，要做好应对各种复杂局面的准备，提高海洋维权能力，坚决维护中国的海洋权益。要坚持"主权属我、搁置争议、共同开发"的方针，推进互利友好合作，寻求和扩大共同利益的汇合点。

中国既是一个陆地大国，也是一个海洋大国，拥有广泛的海洋战略利益。中国国家海洋局局长王宏认为，习近平总书记在此次讲话中提出的"四个转变"，深刻阐明了中国发展海洋事业的主要任务和实施路径，构筑起全面经略海洋的"四梁八柱"。[①]

21世纪是海洋的世纪，海洋事业的发展关乎中国的未来。坚持陆海统筹、加快推进海洋强国建设，任重而道远。2017年10月18日，党的十九大在北京召开。习近平总书记在党的十九大报告中明确提出，要"坚持陆海统筹，加快建设海洋强国"。这为我国海洋事业的发展做出了顶层设计，也再一次吹响了加快建设海洋强国的新时代号角。

海洋是生命的摇篮、资源的宝库，也是推动经济社会发展、参与国际竞争的战略要地。向海而兴，向海图强，建设海洋强国，对推动中国经济的持续健康发展，维护国家主权、安全和发展利益，实现中华民族的伟大复兴都具有重大而深远的意义。业内人士指出，加快建设海洋强国，要以海洋科技为先，做强海洋经济体系，保护海洋生态环境，深

[①]　王宏：《海洋强国建设助推实现中国梦》，载人民网，2017年11月20日。http://theory.people.com.cn/n1/2017/1120/c40531-29655665.html

化全球海洋治理，扩大蓝色"朋友圈"，携手共建海洋命运共同体。

第一节　深海极地探路：海洋科技为先

十年攻关，一朝梦圆。

2012 年 6 月 24 日，中国自行设计、自主集成研制的 7 000 米载人潜水器"蛟龙"号成功下潜到马里亚纳海沟 7 020 米深度。马里亚纳海沟是地球上已知最深的海沟，深达 11 000 多米。至此，中国成为继美国、法国、俄罗斯和日本之后，第五个掌握大深度载人深潜技术的国家。

"蛟龙"号长 8.2 米、宽 3.0 米、高 3.4 米，重约 22 吨。截至 2019 年 1 月，"蛟龙"号累计完成 158 次下潜，足迹遍及太平洋和印度洋等诸多海域。"蛟龙"号创造的"中国深度"，使中国跻身世界的"深潜俱乐部"。

近年来，尤其是党的十八大以来，中国海洋科技自主创新能力持续增强，产业化水平明显提高。一批关键技术和重大项目建设取得突破，"蛟龙"号、"潜龙一号"和"海龙二号"等深海重器试验成功并投入科研，这既是推进海洋强国建设所取得的成果，也将拓展中国开发和利用海洋空间的能力，进一步助推海洋强国建设。

近年来，中国逐步加大对海洋科技的研发和投入，硬件建设水平与世界先进国家的差距不断在缩小，为中国的海洋科技创新实现从"跟跑者"到"并跑者"，再到将来实现"领跑者"的转变，奠定了坚实基础，提供了有力保障。

但是，我们也应该清醒地认识到，与世界海洋科技强国相比，中国的海洋科技原始创新较少、核心技术不多、总体实力不强，这是我们的短板。实现中国海洋科技的跨越式发展，任务艰巨。我们必须牢牢抓住创新驱动这个"牛鼻子"，争取在一些关键领域和涉海核心技术上继续取得更多重大突破。

强劲的海洋科技创新，是海洋强国的一个重要特征。建设海洋强国要以科技为先、科研为要，大力发展海洋科学技术，提升海洋科技水平，为海洋强国建设奠定更加坚实的基础。

"三龙"探海：深海重器

海洋是人类生存发展的重要基础，也是人类未来发展的蓝色空间，更是中国实现长远发展的战略新疆域。建设海洋强国离不开海洋科技的发展与进步。深海蕴藏着丰富的矿产等资源，具有很高的科研和经济价值，只有下大力气进行深海科学研究，才可能更加充分地认识和利用海洋。

中国科学院院士、海洋国家实验室主任吴立新在接受媒体采访时说，发展海洋经济、建设海洋强国，必须发展与远洋深海相关的海洋科技，这是未来的大趋势。与远洋深海相关的重要资源能源、环境效应和生命过程问题已成为海洋科技研究的新焦点。[①]

2009 年 8 月 18 日，"蛟龙"号首次海试，下潜 38 米，迈出了中国载人深潜的第一步。随后，50 米，300 米，1 000 米，3 000 米，5 000 米，7 000 米，"蛟龙"号越潜越深，不断走向深海。2012 年 6 月 27 日，"蛟龙"号在马里亚纳海沟成功创下 7 062 米同类型载人潜水器的最大深潜纪录。

自海上试验以来，"蛟龙"号共成功下潜 158 次，总计历时 557 天，总航程超过 8.6 万海里，实现了 100% 安全下潜，探测了包括海山区、冷泉区、热液区、海沟区等在内的典型海底区域，获得了大量的珍贵视像数据资料和高精度定位的地址及生物样品，取得了丰硕的深海科考成果。

"蛟龙"号的突出特点是，可以搭载海洋科学家亲临海底，并能实现定点悬停，展开精细的科考作业，其工作范围可覆盖全球 99.8% 海洋区域，成为中国推进地球资源探索的重要保障，也是中国参与未来国际海洋竞争的一支重要力量。

无论是何种海底地形区域，"蛟龙"号基本都能畅通无阻，这为科研人员深入开展深海资源勘测和深海环境保护等奠定了技术和装备基础。

"海龙二号"缆控（无人有缆）潜水器，通过一根线缆与母船相连接，由操作手在母船上遥控，根据潜水器线缆传来的海底影像远程控制潜水器运动与机械手操作，其突出优势

---

① 吴立新：《建设海洋强国离不开海洋科技》，载人民网－人民日报，2017 年 11 月 7 日。http://theory.people.com.cn/n1/2017/1107/c40531-29630757.html

是水下工作时间长，能远距离作业，可用于深海热液硫化物等深海勘探。

"海龙二号"长 3.17 米、宽 1.81 米、高 2.24 米，重 3.45 吨，最大作业深度为 3 500 米。2009 年，在中国大洋第 21 航次第三航段中，"海龙二号"在太平洋成功开展了深海热液科考，创造了中国首次自主发现并精细观测深海"黑烟囱"的纪录。

深海大洋蕴藏着无穷的宝藏，发掘这些宝藏，离不开深海装备。在中国现有的"三龙"深海装备体系中，除"蛟龙"号和"海龙"号外，还包括无人无缆"潜龙"系列潜水器，后者擅长大范围精细探测。

"潜龙一号"，6 000 米级潜水器，呈圆柱体形状，长 4.6 米，直径 0.8 米，重 1.5 吨，最大续航能力为 24 小时，巡航速度为 2 节，可通过预编程实现水下自治式运动规划，可用于深海地形地貌、海底流场等海洋环境参数的大尺度、长时序观测。

2013 年 3 月，"潜龙一号"无人无缆潜水器完成湖试验收，同年 5 月搭乘"海洋六号"船在南海进行了首次海上试验，最大下潜深度达 4 159 米，帮助科研人员获得了海底地形地貌等一批探测数据。

"三龙"优势互补，可协同作业，为中国的深海探索和科考创造了条件。

中国国家海洋局局长王宏说，以"三龙"为代表的技术装备全面进入业务化应用阶段，不仅能有效地助力中国深海科学研究走向国际前沿，也将不断提高中国在国际海域的话语权。①

根据国家海洋局的规划，未来中国将构建"七龙"探海的立体深海探测网络，在原有"三龙"探海基础上，增加深海钻探的"深龙"号、深海开发的"鲲龙"号、海洋数据云计算的"云龙"号以及作为立体深海科考支撑平台的"龙宫"，持续勘探海洋。

"雪龙"探极：必由之路

遥远而神秘的南极，藏着诸多未解之谜。它驱动着全球大气和大洋环流，有丰富的矿产和海洋生物资源，是科学家眼中的宝库。正因如此，极地科考在中国的海洋强国战略中占据独特地位。

2019 年 3 月 12 日，历经 131 天、3 万海里航行，中国第35 次南极科学考察队队员搭乘"雪龙"号极地考察船回到上海。南极考察期间，科考队经受了严酷的自然环境考验，克服了"雪龙"号碰撞冰山后带来的重重困难，完成了夏季考察的多项任务。

2018 年 11 月 2 日，中国第 35 次南极科考队从上海起程远赴南极。科考队分别开展了对南极长城站、中山站、泰山站、昆仑站、罗斯海新站等站点的综合考察，并在东南极冰盖上开展了航空地球物理遥感观测。

---

① 杨舒：《扬波大海　走向深蓝——十八大以来我国推进海洋强国建设述评》，载《光明日报》，2017 年 10 月 8 日。http://news.gmw.cn/2017-10/08/content_26443577. htm

在长城站，科学考察队队员开展了生态环境监测、冰川监测及常规气象观测，升级改造了地震台，建设了海洋站雷达式潮位观测系统。

在中山站，科考队员完成了中国首台极区中高层大气激光雷达安装和试运行；完成了中国首套极地冰下基岩无钻杆取芯试钻探，首次获得了冰下岩心样品。

在罗斯海新站，科考队员完成了企鹅聚居特别保护区选划调查。在西风带海域成功布放中国首套海洋环境监测浮标；在罗斯海近岸海域和阿蒙森海海域分别开展了 5 个站位和 14 个站位的多学科综合调查。

统计数据显示，自 1994 年首次执行南极考察以来，"雪龙"号迄今已 22 次赴南极和 9 次赴北极执行考察任务，高强度地奔波在南北极。从长城站到中山站，再到昆仑站、泰山站的相继建立，中国极地科考能力从弱到强，不断实现跨越。

2017 年 1 月 8 日下午 5 点左右，一架红白相间、尾翼喷绘鲜艳五星红旗的固定翼飞机，稳稳地降落在南极冰盖最高区域的昆仑站。这是我国首架极地固定翼飞机"雪鹰 601"。"雪鹰 601"的业务化飞行，使得南极内陆考察不仅只有"陆军"，也增添了"空军"。

《中国海洋发展报告（2018）》的统计数据显示，2017 年，"雪鹰 601"共完成 19 个架次的飞行观测，累计飞行超过 4.5 万公里，观测区域覆盖东南极冰架系统、冰下山脉、冰下湖泊及深部峡谷系统等。①

　　2019 年，中国将开启"双龙"探极新时代。新的极地破冰船"雪龙 2"号将于年底入役，开始执行极地考察任务。连同"雪龙"号等科考船的海上支持，中国南极科考已经进入了海陆空立体化时代，考察和保障能力进一步加强，考察深度和广度也将得到拓展。

"透明海洋"：科学防灾

　　近年来，全球变暖、热浪、强降雨等极端天气发生的频率大大增加，带来了严重的自然灾害。为应对气候变化，全球主要国家都倡导节能减排、绿色发展，以减少温室气体排放。海洋对气候变化具有重要作用，不仅是全球气候变化的调节器，而且通过碳循环对"温室效应"有一定的减缓作用。

　　中国科学院院士、海洋国家实验室主任吴立新在一篇公开发布的署名文章中这样写道，海洋环流对全球气候变化有着十分重要的影响，人类活动所排放的碳大约 40% 被海洋吸收，而由温室气体增加所造成的盈余热量超过 90% 被海洋吸收。

　　众所周知，地球表面超过 70% 的面积被海洋覆盖。"目前我们对水深 2 000 米以下的海洋几乎一无所知，然而 84% 的

---

① 国家海洋局海洋发展战略研究所课题组：《中国海洋发展报告（2018）》，北京：海洋出版社，2018 年，第 122 页。

海洋水深超过 2 000 米。"吴立新院士说。[1]

在广袤神秘的深海大洋，海水有着怎样的运动规律？海洋与气候之间是怎样相互作用的？广袤深邃的海洋蕴藏着许多未解之谜，解开这些科学谜团，就需要依靠海洋科技。

从近海到远洋，再到深海，从 2014 年开始，中国海洋科研人员实施了一个名为"透明海洋"的科研计划[2]：在关键海域运用水下智能观测装备和卫星遥感等综合观测手段，获取海洋环境的综合信息，实现海洋环境信息精准化预报，使海洋的状态、过程和变化变得透明，从而有效地预防和减轻台风、季风、厄尔尼诺和海啸等海洋灾害带给人类的危害。

"透明海洋"计划是一项大科学计划，包括"海洋星簇"、"海气界面"、"深海星空"、"海底透视"和"深蓝大脑"五部分，将会被分步骤、有计划地推进和实施。

"透明海洋"计划面向的是全球海洋及重点海区，其中包括西太平洋 – 南海 – 印度洋关键海区。这一关键海区不仅关乎中国的国家安全、能源、环境、气候等方面的核心利益，而且涵盖"一带一路"倡议中的 21 世纪"海上丝绸之路"。[3]"透明海洋"计划的稳步推进将有力提升我国在海洋环境观测

---

[1]　吴立新：《建设海洋强国离不开海洋科技》，载《人民日报》，2017 年 11 月 7 日。http://opinion.people.com.cn/n1/2017/1107/c1003-29630419.html

[2]　《我国正在推动"透明海洋"研究计划》，载《中国海洋报》，2014 年 10 月 29 日。http://www.oceanol.com/guanli/shengtaihuanbao/2014-10-29/37359.html

[3]　林霄沛、陈朝晖：《"透明海洋"：走向海洋强国的重要科技支撑》，2017 年 9 月 20 日。http://www.qnlm.ac/common/upload/20170920/152645084126.pdf

预测、海洋权益维护等方面的科研能力和水平，支撑海洋强国建设。

近年来，围绕海洋展开的国际竞争日益激烈，深海和极地的探测，海底天然气水合物等矿产资源的勘查开发，海底隧道等海洋工程技术及装备的制造，海水的综合利用，海底光缆和通信技术等，已成为全球高新技术竞争的新领域。

发达的海洋科技是海洋强国的重要标志之一。海洋竞争实质上是各国高科技的竞争。在很大程度上，海洋开发的深度也取决于海洋科技水平的高度。

正如习近平总书记所强调的："建设海洋强国，必须进一步关心海洋、认识海洋、经略海洋，加快海洋科技创新步伐。""七龙"探海、"雪龙"探极、"透明海洋"……近年来，中国海洋科技水平不断发展，稳步向前。

随着海洋科技的不断进步，人类探索海洋、利用海洋的梦想终将变为现实。坚持陆海统筹，加快推进海洋强国建设，需要进一步大力发展海洋科技，努力掌握核心技术，实现自主创新，推动海洋产业结构转型升级，打造高端海洋产业，实现高质量发展，为建设海洋强国提供强有力的支撑。

第二节　拓展蓝色空间：做强海洋经济体系

2017 年 6 月 3 日，由中船重工武船集团为挪威三文鱼养殖巨头萨尔玛集团建造的世界首座全自动深海半潜式"智能渔场"——"海洋渔场 1 号"在青岛武船集团新北船基地顺利交付。

挪威是传统海洋强国，对海洋工程设备的要求向来以高标准和高质量著称。"海洋渔场 1 号"是目前世界单体空间最大、自动化水平最高的深海养殖渔场，它的交付是全球海上渔场装备制造领域的重大突破，也标志着"中国制造"成功进军全球高端养殖装备市场。

"海洋渔场 1 号"高度自动化、智能化，被世界养殖行业称为开启了人类深远海养殖"新纪元"，150 万尾挪威三文鱼将在这一深海渔场中进行养殖。借助"海洋渔场 1 号"，萨尔玛集团让鱼类养殖由近海走向了远海。

2019 年 5 月，"海洋渔场 1 号"完成了第一养殖周期，产出的三文鱼品质好、产量高、病害少，这标志着该项目获得圆满成功。

海洋经济发展水平是一个国家开发、利用、管控和保护海洋能力的重要体现，是建设海洋强国的重中之重。

发展海洋经济，既要发展包括海洋渔业和海洋交通运输业等在内的海洋传统产业，更要大力发展海洋装备制造业、海洋药物和生物制品业等海洋新兴产业，从而夯实经济发展的蓝色底色，做强海洋经济体系。

成绩斐然，但存在短板

近年来，海洋经济在中国总体经济中颇具活力，其发展水平高于同期国民经济整体进程。

过去 10 年间，中国海洋生产总值从 2006 年的约 2 万亿元人民币增加到 2016 年的约 7 万亿元，占国内生产总值的 9%~10%。

国家海洋局发布的《中国海洋发展报告（2018）》数据显示，2012 年以来，中国的海洋经济保持较快增长，年均增速达到 7.2%，高于同期经济的平均增幅。2017 年，中国的海洋经济总量达到 7.76 万亿元，占国内生产总值的 9.4%。

2017 年，中国海洋第一产业、第二产业、第三产业增加值分别占海洋生产总值的 4.6%、38.8% 和 56.6%。近年来，中国的海洋产业体系日趋完善，结构不断优化，海洋三次产业结构由 2012 年的 5.3∶46.8∶47.9 变为 2017 年的 4.6∶38.8∶56.6。

2018 年，中国海洋经济生产总值达 8.3 万亿元，同比增长 6.7%，对国民经济增长的贡献率接近 10%。但是，与发达国家的海洋经济发展状况相比，我国海洋经济对经济总量和社会发展的贡献率和比重仍然不足。

近年来，受劳动力等生产要素成本上升、海洋资源环境约束、市场空间收窄等因素限制，海洋传统产业发展面临的下行压力加大。海洋经济的发展仍然存在一些短板。

首先，对海洋开发利用的层次总体不高，海洋经济主要以包括海洋渔业在内的传统产业为主，新兴产业占比不高，对深海资源的认知和开发能力不足。

其次，海洋资源环境约束加剧，滨海湿地减少，海洋垃圾污染问题逐步显现，防灾减灾能力有待提高。

再者，海洋科技创新能力亟待提升，海洋基础研究较为薄弱，海洋科技的核心技术与关键共性技术自给率低，创新环境有待进一步优化。

最后，陆海统筹发展水平整体较低，陆海空间功能布局、基础设施建设、资源配置等协调不够，区域、流域、海域环境整治与灾害防治协同不足，需要进一步发力。

发展蓝色经济，注重生态保护

目前，在世界范围内，具有与海洋关系密切、发展潜力巨大、经济价值高等特点的蓝色经济，日渐成为各国争相发展的重要领域。中国人口基数大，发展迅速，资源环境与经济发展之间的矛盾日益凸显。

那么，究竟什么是蓝色经济呢？在 2015 年 3 月举办的"共建 21 世纪'海上丝绸之路'分论坛暨中国－东盟海洋合作年启动仪式"上，中国国家海洋局局长王宏对蓝色经济的内涵和核心做了相应阐述。

中国发展蓝色经济，就是要走一条"与海为善，与海为伴，人海和谐"的经济发展之路，这是实现可持续发展的客观要求。改革开放以来，中国形成了高度依赖海洋的经济形态。在他看来，今后一个时期，这样的经济形态仍将长期存在。

例如，在时间维度上，蓝色经济强调海洋经济的长远可持续发展和海洋资源的代际公平分配；在空间维度上，蓝色经济强调海洋以及海陆经济布局的优化整合。

可以说，蓝色经济已经超越了海洋经济的范畴，内涵也更丰富，更加强调海洋的可持续发展，以及海洋生态与经济、社会等子系统的统筹协调，即由单纯的海洋经济扩展到包含海洋、临海、涉海等诸多领域，这也充分体现了海陆统筹一体化发展的理念。

发展蓝色经济，其核心是沿海国家在发展中找到经济发展、生态环境保护和资源利用之间的最佳平衡点。

在国际上，尽管各国对蓝色经济的理解存在一些偏差，但对发展蓝色经济的共识是广泛存在的：蓝色经济是基于海洋的经济，发展蓝色经济的核心就是要寻求海洋资源开发利用与海洋生态环境保护之间的平衡，实现海洋的可持续发展。

在这样的背景下，既要推动中国的传统海洋产业转型升级，又要壮大新兴海洋经济，将其作为中国发展蓝色经济的双引擎。既要发展蓝色经济，助推海洋科技发展，又要做好海洋生态环境保护，统筹考虑，综合施策，助力中国的海洋强国建设。

助推高质量转型，加强国际合作

在 2018 年全国海洋工作会议期间，国家海洋局局长王宏表示，从现在起到 2020 年，要紧扣海洋发展中的不平衡、不充分问题，着力提升海洋经济增长质量，争取使海洋生产总值达到 10 万亿元，带动涉海就业人数达到 3 800 万；积极推动海洋生态环境质量持续向好，实现近岸海域优良水质占比超过 85%，再完成 20 平方公里的海域、海岸带整治修复。

近年来，虽然中国海洋经济发展取得了不俗的成绩，但总体水平不高、区域发展不平衡、科技支撑能力不强等问题仍然存在，构建现代化海洋经济体系任重道远。

坚持陆海统筹、加快推进海洋强国建设，要调整近岸海域国土空间布局，拓展蓝色经济空间，推动海洋经济由近岸海域向深海、远洋和极地延伸，提高海洋经济对国民经济贡献率，更好地保障国家能源、食物、水资源等安全。

在 2019 年 3 月召开的博鳌亚洲论坛年会"海洋：最熟悉的陌生人"分论坛上，针对海洋经济的高质量发展问题，王宏表示，[①] 要推动海洋渔业、船舶制造业等传统产业转型升级、提质增效，要做大做强滨海旅游业、海上观光业、休闲渔业等海洋服务业，同时要加快发展海水淡化综合利用、海洋可再生能源、海洋生物制药、深海油气等海洋新兴产业。

"水清、岸绿、滩净、湾美、物美"，是建设美丽海洋生态环境的目标，也是人类社会的普遍追求。在国际上，发展蓝色经济、维护海洋健康、实现绿色增长，正逐渐成为全球海洋领域合作的新热点。

2017 年是中国–欧盟蓝色年。2017 年 11 月，中国与葡萄牙签署"蓝色伙伴关系"概念文件及海洋合作联合行动计划框架。葡萄牙成为欧盟成员国中首个与中国正式建立蓝色伙伴关系的国家，中葡两国间的海洋合作有望提升至新的水平。

文件签署后，葡萄牙海洋部长维托里诺表示，希望进一步加强葡萄牙与中国在蓝色经济、深海研究、海洋生物科技、海洋可再生能源发展等领域的创新与发展，实现海洋经济的

① 罗江、严钰景：《海洋经济对我国国民经济增长贡献率近 10%》，载新华网，2019 年 3 月 27 日。http://www.xinhuanet.com/fortune/2019-03/27/c_1124290949.htm

可持续发展，推动两国蓝色伙伴关系建设，共同建设 21 世纪
"海上丝绸之路"。

2018 年 12 月 3 日，习近平主席在访问葡萄牙前夕发表署
名文章提出，葡萄牙被誉为"航海之乡"，拥有悠久的海洋文
化和丰富的开发利用海洋资源的经验。中葡要积极发展"蓝色
伙伴关系"，加强海洋科研、海洋开发和保护、港口物流建设等
方面的合作，发展蓝色经济，让浩瀚海洋造福子孙后代。[①]

随着中国 21 世纪"海上丝绸之路"建设的推进，中国海
洋经济"走出去"和国际海洋合作的步伐也不断加快。发展
蓝色经济，加快建设海洋强国，要与"一带一路"沿线国家
和地区广泛建立"蓝色伙伴关系"，加强国际海洋合作，共享
海洋发展机遇。

坚持陆海统筹、加快建设海洋强国，要优化海洋产业结
构，促进海洋新兴产业加快发展，发展蓝色经济，加快海洋
经济提质增效的步伐，推动海洋经济高质量发展，有力推动
现代化海洋经济体系的建立和发展。

第三节　守护蓝色家园：保护海洋生态环境

2018 年初，来自中国国家自然资源部第一海洋研究所的

---

① 《习近平在葡萄牙媒体发表署名文章》，载新华网，2018 年 12 月 3 日。http://www.
xinhuanet.com/politics/2018-12/03/c_1123799465.htm

孙承君等研究员在南极鲍威尔海盆开展科学考察，他们在用显微镜观察海水样本时发现，竟然有五六颗小于 0.3 毫米的微塑料。

这是中国科学家首次在南极海域发现微塑料。

2018 年 7 月，中国国家自然资源部在贵阳召开的海洋微塑料国际研讨会上，联合国环境署生态司助理专家朱爽说，一项研究表明，在从中国、巴西、印度、印度尼西亚、墨西哥、泰国和美国等沿海国家收集的 259 瓶海水样本中，只有 17 份样本中没有检测出微塑料，每份样本中所含的微塑料平均数为 325，最多的达到了 5 230。[①]

2017 年，中国载人潜水器"蛟龙"号的科研人员，在从大洋深处带回的海洋生物样品的检测中发现，在 4 500 米水深下生活的海洋生物体内，也检测出微塑料。

中国国家海洋环境监测中心副主任王菊英长期从事海洋垃圾和微塑料方面的研究。她在接受媒体采访时表示，2017 年，他们推进开展过相关研究，结果显示，在约 76% 的鱼类肠道、消化道内都检测出了微塑料。[②]

从近海到大洋，从赤道海域到南北极，从大洋表层到大洋深渊的海洋生物体内，海洋微塑料几乎无处不在，微塑料污染问题日益严峻，也日益引发海洋环保人士的密切关注。

---

① 《"海洋里的 PM2.5"污染来袭，最新监测结果显示微塑料污染不容乐观》，载央视新闻客户端，2018 年 7 月 9 日。http://mini.eastday.com/a/180709151346547.html

② 刘瑾：《海洋微塑料危害不容忽视》，载《经济日报》，2018 年 12 月 27 日。http://www.sohu.com/a/284909469_100114057

推进海洋生态文明建设，守护共同的蓝色家园，是建设海洋强国的重要内容。建设海洋强国，要把海洋生态文明建设纳入海洋开发的总体布局，着力推动海洋开发方式向循环利用型转变，要像保护眼睛一样保护海洋生态环境。

微塑料："海洋中的 PM2.5"

早在 2004 年，英国科研人员就在《科学》杂志上发表了关于海洋水体和沉积物中有塑料碎片的论文，首次提出了微塑料的概念。科研人员将微塑料定义为：粒径小于 5 毫米的塑料个体。

微塑料直径很小，很容易被海洋中的浮游动物、鱼类、海洋底栖生物等摄食，使鱼类等生物产生饱腹感，消化不良，从而影响它们的正常发育和繁殖，破坏海洋生态平衡。

此外，由于微塑料的表面容易吸附持久性的有机污染物和重金属等物质，一旦进入海洋生物体内，它们也会通过食物链进入人类体内。中科院烟台海岸带研究所的一项调查显示，在 20 多种经济价值较高的常见鱼类样本中，90% 的鱼类样本中都有微塑料。

微塑料究竟从何而来呢？可能有很多人认为，自己与海洋微塑料污染无关，但实际上，洗面奶和浴盐等个人护理品中的磨砂颗粒就包括塑料制品。当它们被排入海洋后，便由清洁皮肤的"帮手"变成了海洋生物的"杀手"。

此外，随着塑料制品在生产和生活中的频繁使用，暴露在自然界中的大块塑料，在紫外线照射、海浪拍打和化学侵蚀等物理和化学的共同作用下，也会被分解为塑料碎片，塑料碎片进入海洋之后，也会形成塑料污染。

2015 年，美国《科学》杂志的统计数据显示，在各国每年向海洋中排入的塑料污染物中，2010 年中国沿海居民向海洋中排入的塑料污染物超过 500 万吨，排名世界第一，其次为印度尼西亚、菲律宾、越南、泰国等南海周边国家，每年向海洋的塑料污染物排入量超过 100 万吨。[①]

有人将微塑料喻为"海洋中的 PM2.5"。业内人士认为，微塑料已经成为威胁全球海洋生态环境安全和人类健康的重要污染物之一，必须引起足够重视。科学研究已经证实，海洋中的微塑料污染对海洋生物的生长、发育、躲避天敌和繁殖能力等都有不同程度的影响。

国家重点研发计划海洋微塑料项目负责人李道季在《人民日报》刊文说，据统计，全球每年有 1 000 万至 2 000 万吨的塑料垃圾进入海洋。随着时间的流逝，这些塑料在大洋的作用下，会破碎成不计其数的微塑料，留存在海洋之中，甚至能够留存数百年。

目前，荷兰、澳大利亚和美国都有人发明了海洋塑料垃圾收集装置，收集效果不错，但对完全解决塑料问题，依然不够。

而针对海洋中的微塑料污染问题，国内外科学家还没有切实可行的治理方法，目前只能呼吁各国共同提高塑料制品

[①] 袁一雪：《微塑料：海洋中的"PM2.5"》，载科学网，2017 年 4 月 13 日。http://news.sciencenet.cn/htmlnews/2017/4/373422.shtm

的回收利用率和减少塑料制品的使用，力求从源头上加以控制，尽可能地减少塑料污染物进入海洋。比如说，国家可以制定相应的法律和法规，倡导更加环保的生活方式，改变民众的日常生活习惯，减少一次性塑料制品的使用。

海洋生物多样性遭受威胁

海洋污染导致海洋生态环境恶化，给海洋生物带来了生存威胁。"我们曾一直以为，大堡礁是大而不倒的。"2019年4月3日，澳大利亚研究委员会珊瑚礁卓越研究中心首席调查员摩根·普拉切特在一份声明中这样说道。[1]

普拉切特参与了一项有关大堡礁生物多样性的调查研究。最新研究结果显示，2016年和2017年，大堡礁连续两次遭遇海洋热浪，这不仅在当时造成了珊瑚的大面积死亡，还导致珊瑚幼虫的数量下降了89%，使大堡礁珊瑚群昔日的面貌难以恢复。

这项研究结果发表在世界顶级学术期刊《自然》杂志上。

大堡礁是世界上最大最长的珊瑚礁群，位于南太平洋的澳大利亚东北海岸，纵贯澳大利亚东北昆士兰州外的珊瑚海，北面从托雷斯海峡起，绵延2 600公里，至南回归线以南，最宽处161公里，约有2 900个独立礁石。

珊瑚本身是白色的，需要由其体内共生的海藻通过光合

---

[1] 徐路易：《〈自然〉：大堡礁珊瑚幼虫数量下降89%，珊瑚白化或成常态》，载澎湃新闻，2019年4月4日。http://finance.ifeng.com/c/7laWWG6l9XM

作用为其提供能量。由于海藻自身有着不同的颜色，所以，我们平时见到的珊瑚也呈现出五颜六色。

当海水的温度升高时，面对环境压力的珊瑚虫会把藻类驱逐出去。一旦共生的藻类离开或死亡，珊瑚就会变回本来的白色，最终因失去营养供应而死亡。这会导致珊瑚白化。

全球气候变暖导致海洋的温度升高，这将使珊瑚可依赖的海藻减少，使珊瑚出现白化现象。与此同时，海水温度的升高，也会使海洋生物的正常生活和海洋生物的多样性遭受威胁。

珊瑚白化现象只是海洋生物受影响的典型案例之一。近年来，人类活动的增加，以及二氧化碳排放量的增加，导致了全球气候变暖。为应对全球气候变化，国际社会于2015年达成了《巴黎协定》，该协定于2016年11月生效。根据《巴黎协定》，国际社会要将21世纪全球平均气温的升幅控制在2摄氏度以内。

《自然气候变化》杂志刊文指出，海洋吸收了超过90%的多余热量和将近30%的二氧化碳。气候变暖，不仅会导致海洋表层的温度升高，海洋深处也会受到影响。

随着海水温度的升高，海洋风暴的强度也会越来越大。许多海洋生物会被迫离开原来的生活环境，海洋生态系统会被严重破坏。如果海洋吸收了空气中过量的二氧化碳，海洋的酸性也会逐渐升高。

当海水的pH值下降时，诸如珊瑚、牡蛎和贻贝一类的生物将很难形成自身的保护外壳和组织，同时依赖化学环境稳定性的多种海洋生物，乃至海洋生态系统也都将面临巨大的威胁。

构建和谐美丽之海

无论是海洋微塑料污染、海洋酸化现象，还是由此导致的海洋生物多样性遭受严重威胁，都为海洋生态环境的保护敲响了警钟。完善海洋生态文明建设，是建设海洋强国的重要内容之一，功在当代、利在千秋，要像保护生命一样保护海洋生态环境。

党的十八大以来，中国的海洋生态文明建设取得了显著成效，相关政府部门强化了对海洋生态环境建设的管理，其中也包括出台了"最严厉"的围填海管控措施，弱化了地方政府的政绩冲动。

近年来，全国范围内的围填海总量下降趋势明显。数据显示，2013年全国填海造地面积达到154.13平方公里，随后逐年下降，年均下降22%。2017年，填海面积达到57.79平方公里，比2013年降低了63%。[①]

但是，目前中国的海洋生态保护依然存在短板。一些沿海地区依然存在的"向海要地"（违规填海）、"向海要钱"（无序养殖）和"向海排污"等问题，超出了海洋环境自身的承载能力。

保护海洋生态环境，要以系统思维，发展蓝色经济，加强联防联控。2017年12月，中央环保督察组指出，个别沿海省份存在不同程度的"向海排污"问题。

"不少沿海地区都在实施'排海工程'，污染物排放地从陆地的河流、湖泊改为海洋，而入海污染物的排放标准低于

---

① 《社论：填海造地需杜绝猫鼠游戏》，载《第一财经日报》，2018年1月23日。

陆地污染物的排放标准。"在宁波大学校长沈满洪看来，这一行为的实质是污染物排放的转移，政府应根据经济发展阶段和海洋环境保护的要求，逐步取缔"排海工程"。[①]

2017 年，浙江温州一家法院发出了我国首份《海洋生态修复令》，要求破坏者修复受损的海洋生态环境。2018 年，海南省关于建设国家生态文明试验区的建议获得上级批复。这一试验区旨在推进严格保护海洋生态环境，建立健全陆海统筹的生态保护修复和污染防治区域联动机制。

坚持海洋开发和保护并重，污染防治和生态修复并举，人与海洋和谐共生，加快建设海洋强国，既要发展海洋经济，科学开发利用海洋资源，推动海洋经济向高质量发展转型，也要尊重海洋、顺应海洋、保护海洋，守护好我们共同的蓝色家园，构建和谐美丽之海。

第四节　深化全球海洋治理：拓展蓝色"朋友圈"

随着海洋开发与利用等人类涉海活动的增加，气候变化导致的海平面上升、海洋酸化以及海洋污染等海洋生态问题愈发引人关注。与此同时，海盗和武装抢劫、恐怖主义、武器扩散、跨国犯罪等非传统安全因素日益突出。

---

① 马剑、岳德亮：《像保护生命一样保护海洋生态环境》，载新华网，2018 年 3 月 15 日。http://www.xinhuanet.com/2018-03/15/c_1122542990.htm

海洋空间的开放性，使一些海洋问题演变成全球性问题。全球性海洋问题的出现和凸显，对全球海洋治理提出了新挑战，且越来越超出单个国家或国际组织的能力。

深化全球海洋治理，加强国际合作，日益成为国际社会的广泛共识。

当前，国际海洋事务进入快速发展期，全球海洋治理也进入深度调整期，世界各国围绕全球海洋治理规则的制定权及其话语权的争夺和角力越来越激烈。在此背景下，中国需要积极参与国际海洋事务，维护国家利益，回应世界的期待。正如国家海洋局局长王宏所说，获得更多制度性权利，是中国建设海洋强国的必然要求。

坚持陆海统筹，加快建设海洋强国，需要推动国际海洋合作，拓展蓝色"朋友圈"，完善全球海洋治理，推动构建海洋命运共同体。这既是中国加快建设海洋强国的重要内涵，也将充分彰显中国作为负责任大国的担当。

形势与挑战：全球海洋治理的困境

目前，全球海洋治理面临着严峻的形势——海洋污染、微塑料污染、海洋酸化、过度捕捞等问题日益凸显。如何保护海洋生态环境，实现海洋资源的可持续利用，成为国际社会关注的焦点。

2017年6月5日至9日，为推进联合国保护和可持续利用海洋和海洋资源，促进联合国《2030年可持续发展议程》目标的实现，联合国海洋可持续发展大会在美国纽约联合国总部举行。

联合国秘书长古特雷斯在开幕式上说，污染、过度捕捞和气候变化的影响，正在严重破坏海洋的健康。一项研究结果表明，如果不采取措施，至 2050 年，海洋中塑料垃圾的总重量可能超过鱼类的总重量。

古特雷斯表示，工业、捕捞业、航运业、采矿业和旅游业等相互矛盾的用海需求，正在给海洋生态系统带来巨大压力。联合国海洋可持续发展目标，必须成为建设清洁和健康海洋的路线图。

在联合国海洋可持续发展大会期间，围绕如何应对海洋污染、最大限度地缓解和解决海洋酸化问题、建设可持续渔业，以及加强对海洋及其资源的养护与可持续利用等问题，与会人员展开了积极讨论。

为应对海洋污染，与会者强调，应从国家政策的制定层面应对塑料废物和微塑料问题，充分认识到海洋污染问题的重要性。与会者提出，应征收塑料使用费或禁止一次性塑料。

在应对海洋酸化问题上，与会者则认为，海洋酸化已成为全球性问题，对海洋物种和生态系统，以及对严重依赖海洋的职业与产业都会产生重要影响。为此，应该将限制碳排放放在首要的位置。

尽管全球海洋治理的需求日益强烈，但美国等一些西方国家却在全球海洋治理问题上打着自己的算盘。作为全球海洋治理的主要角色之一，美国还游离于《联合国海洋法公约》之外，规避海洋强国的义务。此外，特朗普政府还退出应对气候变化的《巴黎协定》，无视全球海洋治理的迫切需求，凭借其军事和科技优势，拒绝为国际社会提供与自身国际地位相对应的全球海洋治理的公共产品。

在全球海洋治理规则和话语权争夺日趋激烈的当下，发展中国家纷纷"抱团"发声，表达自身诉求，争取自身的海洋权益，力求在推动海洋经济和自身发展的同时，实现海洋资源的可持续利用。

随着时代的进步，国际社会越来越意识到保护海洋环境、解决全球性海洋问题的紧迫性和重要性。完善船舶航行、公海捕捞和深海采矿等重要海洋活动的相关法律制度也逐步被提上日程。

中国方案：构建海洋命运共同体

海洋是全球合作与发展的重要领域。全球海洋治理，要求各国打破海洋区块化思维，携手推进海洋法治，促进海洋可持续发展。长期以来，中国高度重视并积极参与全球海洋治理，引领区域合作，为全球海洋治理提供了中国方案和中国智慧。

全球海洋治理，就是以全球治理的方式应对国际社会普遍关注的海洋问题。中国支持以《联合国海洋法公约》为基础的海洋秩序，倡导国际社会共治海洋。2015 年 10 月，中国首次明确提出"共商、共建、共享"的全球治理理念。

近年来，中国积极推动落实"一带一路"倡议，与沿线国家开展务实合作。党的十九大报告指出，中国秉持"共商、共建、共享"的全球治理观，将继续发挥负责任大国作用，积极参与全球治理体系改革和建设，不断贡献中国智慧和中国力量。

在"一带一路"倡议的框架下，中国与近 30 个国家（地区）签署了 40 余份政府间或部门间海洋合作协议或谅解备忘录，与多个国家建成了联合海洋观测站和联合海洋研究中心实验室，发起并实施了 60 多个务实合作项目，开展了与美国、英国、欧盟、日本、韩国、印度尼西亚、巴基斯坦、印度、孟加拉等国的双边海洋事务对话与磋商。[①]

2017 年 6 月 5 日，在以应对海洋污染为主题的联合国海洋可持续发展大会伙伴关系对话会上，时任中国国家海洋局海洋环境保护司副司长霍传林说，中国政府正在并将继续采取实际行动，应对海洋污染，减少污染对海洋生态系统的损害，促进海洋的可持续发展。

严格控制围填海，建设海洋生态屏障；全面控制污染物排放，清理非法或设置不合理的入海排污口，减少陆源污染物排入海洋；实施生活垃圾分类，采取有效措施，防止垃圾入海；在海洋微塑料、放射性跨界污染等方面开展联合监测与技术合作研究……中国政府正以实际行动，向海洋污染宣战，保护海洋生态环境。

2018 年 12 月 11 日，中国常驻联合国副代表吴海涛在第 73 届联合国大会关于"海洋和海洋法"的议题发言时表示，"中国愿和各国一道，秉持共商共建共享原则，积极推动建设

---

① 国家海洋局海洋发展战略研究所课题组：《中国海洋发展报告（2018）》，北京：海洋出版社，2018 年，第 255 页。

21世纪'海上丝绸之路'，建立全方位、多层次、宽领域的蓝色伙伴关系，在海洋领域朝着构建人类命运共同体的目标不断前进"。

"我们人类居住的这个蓝色星球，不是被海洋分割成了各个孤岛，而是被海洋连结成了命运共同体，各国人民安危与共。"2019年4月23日，国家主席、中央军委主席习近平在青岛会见应邀出席中国人民解放军海军成立70周年多国海军活动的外方代表团团长时这样表示。

这是习近平主席首次提出"构建海洋命运共同体"。这一重大倡议，是对构建人类命运共同体重要思想的发展和丰富，是共护海洋和平、共筑海洋秩序、共促海洋繁荣的中国方案，顺应时代发展潮流，契合各国的利益。

共商，共建，共享。合作，发展，共赢。

作为推动构建海洋命运共同体的积极倡导者、海洋可持续发展的有力推动者和国际海洋法治的坚决维护者，中国将继续与国际社会一道，积极参与全球海洋治理，应对人类社会共同面临的海洋问题，共促海洋发展，为建设美好的蓝色家园做出更大的积极贡献。

建设海洋强国：拓展蓝色"朋友圈"

21世纪是海洋的世纪，依海富国、以海强国的号角已经吹响。中远海运旗下的远洋货轮"中远荷兰"号，正迎着朝阳，沿着21世纪"海上丝绸之路"破浪前行。

"中国提出共建21世纪'海上丝绸之路'倡议，就是希望促进海上互联互通和各领域务实合作，推动蓝色经济发展，推动海洋文化交融，共同增进海洋福祉。"

以共建"一带一路"为指引，中国倡导构建蓝色伙伴关系，以诚意和行动不断拓展蓝色"朋友圈"。回望过去，中国与世界主要海洋大国、周边国家以及 21 世纪"海上丝绸之路"参与方打造命运共同体的成效逐步显现，为加快推进海洋强国建设奠定了坚实的物质基础。

2019 年是新中国成立 70 周年，也是中俄建交 70 周年。作为"一带一路"的组成部分，共同打造"冰上丝绸之路"为中俄实现有效对接、共同发展创造了机遇。由俄罗斯诺瓦泰克公司、中石油、法国道达尔公司和中国丝路基金共同合作开发的亚马尔能源合作项目顺利运营，见证着中俄共建"冰上丝绸之路"的稳步前行。

2013 年，中远海运"永盛"号首航北极东北航道，成为第一艘通过北冰洋抵达欧洲的中国商船。北极航道的开通，也将带动"冰上丝绸之路"沿线区域的互联互通和共同发展。

与此同时，中国与周边重要邻国有关海洋方面的交往和合作也在加强。2012 年，《南海及其周边海洋国际合作框架计划》（以下简称《框架计划》）发布，中国与东盟国家的合作进入加速轨道。

在《框架计划》机制下，中国与东盟国家开展了多领域的海洋合作，涉及海洋与气候变化、海洋环境保护、海洋生态系统与生物多样性、海洋防灾减灾、区域海洋学研究等方面，合作形式涵盖了合作研究与项目、联合观测与调查等。[①]

今后，中国将继续承担与自身国际地位相匹配的责任，在积极应对气候变化、保护海洋生态环境、推动海上互联互通等领域与其他国家开展务实合作，为国际社会提供与自身能力相匹配的海洋公共产品，为全球海洋治理贡献中国方案、中国智慧和中国力量。

——中国将继续加强与"一带一路"，尤其是 21 世纪"海上丝绸之路"建设参与者的发展对接，以建设 21 世纪"海上丝绸之路"为重点，统筹协调陆海经济发展，与其他国家开展务实合作，走依海富国、以海强国之路，实现人海和谐，共同发展。

——在支持《联合国海洋法公约》基础上，中国将继续推动构建公平正义的国际海洋秩序，推动构建多层次的蓝色伙伴关系，在海洋环境保护、海洋科技创新与应用等领域开展更深层次的国际合作，不断扩大中国的蓝色"朋友圈"。

——作为全球海洋治理的后来者，中国将积极参与联合国海洋事务和海洋法非正式磋商，捍卫自身的合法合理的海洋权益，围绕国际社会关注的极地和深海等领域，在全球性和区域性规则制定中发出中国声音，贡献中国方案。

——在维护海上安全、捍卫海洋秩序等方面，中国将继续加强自身的海上安全力量建设，在人道主义救援、打击海上犯罪、危机管理处置等领域，为国际社会提供更多的公共

---

① 赵婧：《中国与东盟：海洋合作谱新篇》，载《中国海洋报》，2017 年 5 月 9 日。http://www.oceanol.com/zhuanti/201705/09/c64306.html

产品。

　　潮平两岸阔，风正一帆悬。昂首阔步迈入中国特色社会主义新时代的中国，迎来了加快推进海洋强国建设的重要历史机遇。展望未来，我们要着力建设海洋经济发达、海洋科技先进、海洋生态健康、海洋安全稳定、海洋管控有力的新型现代化海洋强国，这是实现中华民族伟大复兴中国梦的必然选择。坚持陆海统筹，加快建设海洋强国，正当其时。

附　录

感谢信

　　为贯彻落实"一带一路"主题报道要求，贵单位选派了国际部闫亮记者跟随我集团所属中远海运集装箱运输有限公司旗下的"中远荷兰"号，沿着21世纪"海上丝绸之路"的航线随船出海采访报道。

　　2017年4月15日从上海洋山港出发，沿着伟大航海家郑和的航迹，闫亮记者与"中远荷兰"号全体船员风雨同舟、破浪前进，驶过三大洋，纵横三大洲，穿越马六甲海峡、苏伊士运河、直布罗陀海峡和海盗频繁出没的亚丁湾，于5月10日顺利抵达希腊比雷埃夫斯港。

　　此次随船报道，得到了贵社领导的大力支持。国际部"新华国际"客户端开设"海丝"航海日志专题，新华网"一带一路"频道开设"新华社记者'海丝'行"专栏，新华社海外社交平台 Facebook、Youtube 和 Twitter 在重要节点同步进行直播，记者同时刊发图文并茂的中、英文深入报道，社会反响热烈，极大地彰显了新华社打造精品报道的综合实力和国际竞争力。

这一篇篇精彩的图文报道、视频直播背后，无不凝聚着新华社整个团队的努力和付出。在任务初期，贵社总编室总体协调、国际部组织策划；在任务过程中，贵社新媒体中心、海外社交媒体中心、上海分社、浙江分社宁波支社、亚太总分社下属新加坡分社、中东总分社并开罗分社、欧洲总分社并雅典分社和新华网等各部门联动，通力合作，确保了本次记者随船报道任务的圆满完成。

同时，一路走来，闫亮记者也让我们见识了新华社记者的专业风采。他勤奋敬业的精神、认真负责的态度，让我们震撼、赞叹和佩服。在短短 20 天的航程中，他撰写并发表了20 多篇有深度的中、英文通讯稿，从《从古船扬帆到巨轮远洋》到《从"海道辐辏"到"海铁通道"》、从《中国东盟共奏"海上丝绸之路"跨海和声》到《中欧携手筑梦"海上丝绸之路"》，洋洋洒洒，用隽永浑厚的笔墨书写了我国"一带一路"倡议提出以来，21 世纪"海上丝绸之路"以及中欧贸易发展给当地社会带来的深刻变化和作用，用事实和数据切实有效地展现了我国"一带一路"倡议所取得的伟大成就和所发挥的重要历史作用。

在漂在茫茫大海上的窗口期，他深入采访海员，挖掘海员的故事，撰写的《"中远荷兰"号茫茫大海补水记》《筑梦"海丝"的大力水手》《一名老海员，一世"海丝"情》《"海丝"路上小海员书写大情怀》等，以小见大，生动有趣地展现我国远洋船员的工作与生活情况，在弘扬我国现代航海文化的同时，有效地传播了当代远洋船员的精神面貌与追求，体现了对广大船员的人文关怀。

正是由于他平易近人、孜孜不倦的精神，船员兄弟都称他是优秀的记者、友好的使者，是"中远荷兰"号亲爱的朋友，更是"中远荷兰"号最优秀的"甲板实习生"、在驾驶台工作时间最长的"水手"、警惕性最高的"瞭望员"。

风雨同舟，砥砺前行。闫亮记者已经离船返回工作岗位，但贵社闫亮记者以及新华社强大的新闻团队传递给我们的"海丝"精神、乐观积极的工作态度，将永远激励我们中远海运人为实现"航海梦"和"中国梦"而奋发有为、努力拼搏。

在此特别感谢新华社领导对我司的关注与支持，感谢闫亮记者以及新华社团队的辛勤付出和无私奉献！感谢新华社对中国航海事业的关爱、对"中远荷兰"号船员的精彩报道，以及一直以来对中远海运的关心和支持！

后　记

一次随船，一世情缘

2013 年 9 月 7 日，中国国家主席习近平在哈萨克斯坦纳扎尔巴耶夫大学发表演讲，提出了共同建设"丝绸之路经济带"的伟大构想。同年 10 月，习近平主席出访东盟，提出共同建设 21 世纪"海上丝绸之路"。"丝绸之路经济带"和 21 世纪"海上丝绸之路"合称"一带一路"。

"一带一路"倡议提出 6 年多来，从顶层设计到项目落实，在互联互通中不断枝繁叶茂、开花结果，在中国与沿线国家的合作共赢中不断成长，也得到了越来越多国家的积极响应、参与和支持。

2016 年 6 月 26 日，中远海运"巴拿马"号通过巴拿马运河大西洋一侧的阿瓜克拉拉船闸，成为巴拿马运河扩建完工后首艘通过的船舶，开辟了集装箱全球航运的新时代。这也使"一带一路"从传统意义上的"连接亚欧"进一步向西延伸，成为"环绕地球"的通衢。

2018年12月3日，中国国家主席习近平在巴拿马城同巴拿马总统巴雷拉共同参观巴拿马运河新船闸。不远处，满载集装箱的中远海运"玫瑰"号正在第一船闸处停靠并等待过闸，船舷高悬条幅："'中远海运玫瑰轮'祝中巴友谊长青、世界贸易繁荣！祝习近平主席访问巴拿马圆满成功！"

习近平主席同"玫瑰"号船长吴文峰通话，询问船上的工作和生活条件，并慰问全体船员。习近平主席说："很高兴在巴拿马运河同'中远海运玫瑰轮'的船长和船员们通话。希望你们善用巴拿马运河，不断优化物流运输，为促进国家航运事业和全球贸易繁荣做出更大贡献。我很关心在外远航的船员们，希望大家工作生活顺利，高高兴兴起航、平平安安回家。祝愿大家一帆风顺。"

从"中远荷兰"号到中远"巴拿马"号，一箱箱"中国制造"漂洋过海，沿着21世纪"海上丝绸之路"，顺利抵达世界每一个角落，在中国与沿线各国的互联互通中诠释着合作与共赢的"一带一路"精神，在交流互动中书写着中华文明与世界文明的和谐与共生。

致敬所有行走在21世纪"海上丝绸之路"前沿和助力海洋强国建设的中国海员！你们是奔跑在万里丝路上的时代英雄，更是建设海洋强国的坚挺脊梁！

按照原定计划，我从希腊比港下船，搭乘航班回国，结束了此次21世纪"海上丝绸之路"的随船采访。"他是'中远荷兰'号亲爱的朋友，更是'中远荷兰'号最优秀的'甲板实习生'、在驾驶台工作时间最长的'水手'、警惕性最高的'瞭望员'。"2017年6月，中远海运给新华社发来一封感谢信，社领导做出重要批示。

拙著付梓之际，请允许我把这份深深的谢意，献给关心和支持中国"一带一路"，尤其是21世纪"海上丝绸之路"和海洋强国建设的所有海嫂及家人。正是因为有了他们在后方的付出和坚守，海员们才能一心一意奋斗在21世纪"海上丝绸之路"最前沿，21世纪"海上丝绸之路"的建设也才能不断取得新成果，海洋强国建设才能稳步向前。

特别感谢所有关心、支持、帮助和参与此次报道的新华社各级和各部门领导、编辑、老师和同事。谢谢你们的精心指导和鼓励支持，没有你们的关心，完成此次随船报道几乎是不可能的。

特别感谢中远海运，感谢"中远荷兰"号船长顾正中、政委郑明华、时任助理政委蔡团杰、轮机长蔡建军、大管轮关磊、大副李红兵，以及全体海员在随船期间给予的关心和支持！

特别感谢中信出版社，尤其是黄静和路姜波两位老师的辛勤付出和精心编辑！

写下这段21世纪"海上丝绸之路"和海洋强国的故事，是想让更多的人更加了解海洋和21世纪"海上丝绸之路"，更加爱护我们的海洋生态环境，让更多的人关心海员和海运，大力发展海洋经济，加快推进海洋强国建设步伐，依海富国，以海强国，助力中华民族伟大复兴的中国梦早日实现。是为记。

　　最后，特别感谢我的家人和爱人左璇，没有他们一直以来的鼓励和支持，就没有拙著的出版。时间仓促，水平有限，书中难免有疏漏或不当之处，敬请各位读者指正！

闫亮

2019 年 5 月于北京